爬虫類と両生類の
暮らしを再現

ビバリウム

生息環境・品種別の
つくり方と魅せるポイント

生き物系 YouTuber
RAF ちゃんねる有馬 監修

はじめに

お疲れ様です。「RAFちゃんねる」の有馬です。

このたびは本書を手に取っていただき、有難う御座います。

僕が初めて手がける本をお読みいただき、心より感謝申し上げます。

本書をご購入いただいた方は、日頃、僕のYouTubeチャンネルをご視聴いただいているファンの方や、「RAFちゃんねる」を知らず、ただビバリウム作りに興味や関心がある方など様々かと思います。

どのような方に読んでいただいても楽しめるように、爬虫類・両生類の生息環境を再現する「ビバリウム作り」をできるだけわかりやすく、そしてハードルを上げすぎないように気をつけながら、新規で17作品、制作いたしました。

初心者の方でも、すでにビバリウム作りをされている方でも気兼ねなく楽しめる本になっているかと思います。

さて、今回僕が本書を手がけることになったきっかけですが……。

僕は本職とは別で、プライベートで「RAFちゃんねる」という爬虫類や両生類などの魅力を発信するYouTubeチャンネルを3年間やってきました。

その中で何度もビバリウムを制作しており、有難いことにそういった制作経験を評価いただき、今回のお話が回ってきたようです。

「降ってきたチャンスは全て打ち返す。打ち返せるように日々準備しておく」。

僕が意識しているスタンスです。

なので、今回も悩む間もなく本件を引き受けさせて頂きました（有難いお話をご提案いただき株式会社メイツユニバーサルコンテンツ様には感謝しております）。

実際、ビバリウム作りの本の制作をしていて思ったこと、正直に言ってもいいですか?

めちゃくちゃ大変でした。

本職+YouTube+その他仕事+200匹以上いる爬虫類・両生類のお世話……。

そこに加えての今回のお仕事。

しかも「ビバリウム作り」というある意味「作品集」。

しかも完全新規で17作品を作る(4ヶ月以内に)。

とくに何が大変だったかというとケージを含め、17作品分の材料を事前に準備しなくてはならないということ。

いつも仕事終わりの23時頃から制作を始め、終わるのは26時。そこから詳細を資料にまとめたりなど、ビバリウム制作のための本作りは技術やセンス云々の前に、とんでもなく労力のかかる「ハードル鬼高」の仕事でした。

　なので、「パラパラと写真を見て終了！」ではなく、しっかり読んでいただけると嬉しいです(笑)。

　冒頭でも触れましたが、「初心者でも十分楽しめる」を意識して僕自身が新規で15作品、手順は掲載しない作例も含めると17作品を、「この本のため」に作成しております。

　基本的にはホームセンターや100円均一ショップ、園芸ショップなど身近なお店で用意できるものを使用して制作していて、「こんなの真似できないよ」とはならないように比較的易しい内容にしています。

　なので、本書が、これから爬虫類・両生類を飼育しようという初心者の方や、すでにたくさん飼育しているけれど「ビバリウム」というものをガッツリ制作したことがない方のビバリウム作りにチャレンジしてもらえるきっかけになれば幸いです。

　僕は日頃YouTubeとは別で本職があります。その世界の人たちは爬虫類なんて飼育したことがない人が大半です。昨今、エキゾチックアニマル（ポピュラーな犬や猫以外のちょっと変わった愛玩動物のこと）の飼育者が増えたとはいえ、残念ながらまだまだ少数派です。

　本職がありながらも、隙間時間を活用してYouTube活動をしていたり、本書のような爬虫類・両生類本を制作したのは、ひとえにYouTubeを始めた「当初の想い」である「爬虫類・両生類飼育者を少しでも多く増やしたい」という人生を賭けたミッションからきています。

　どういうきっかけでも構いません。一人でも多くの方が、本書を手に取り、爬虫類・両生類飼育の醍醐味である「ビバリウム作りの魅力」を知っていただけたら、これより嬉しいことはありません。

　最後に本書制作にあたり快くご協力いただきました爬虫類倶楽部 渡辺社長、爬虫類系YouTuberやブリーダーの皆様、そしていつも夜遅い時間まで頑張ってくださいました編集部の方々に大変感謝しております。有難う御座いました。

　それでは皆さん、良いビバリウムLIFEを。

RAFちゃんねる 有馬

爬虫類と両生類の暮らしを再現
ビバリウム
生息環境・品種別のつくり方と魅せるポイント

CONTENTS

第1章 ビバリウムをはじめよう

第2章 森林に棲む仲間のビバリウム

第3章　荒野に棲む仲間のビバリウム

Theory

荒野に棲む仲間のビバリウムを知る ————————————— 88
流木などのレイアウト用アイテムは自分のイメージに合うものを探し出す

Theory & Layout ▶ 11

制作のポイントと実例(フトアゴヒゲトカゲ) ———————— 90
床材に砂を使って荒野を表現し、おしゃれな流木を組み合わせる

Layout ▶ 12

レオパ(ヒョウモントカゲモドキ) ————————————— 96
ポイントを絞ってエアプランツを配置。手軽に制作できるシンプルなビバリウム

Layout ▶ 13

グランカナリアカラカネトカゲ ——————————————— 100
観察しやすい細長いケージを使い、流木を立体的に組み合わせる

本書の見方

本書は爬虫類・両生類を対象とするビバリウムの制作方法をわかりやすく解説しています。
基礎知識からはじまり、必要なアイテム、レイアウトのポイントなど、
ビバリウム制作に必要な情報を写真とともに掲載しています。

本書の構成

本書は第1章でビバリウムに関する基礎知識を説明し、第2章以降では、「森林」「荒野」「水辺」と対象の種が生息する自然環境ごとに章をわけてビバリウムの制作方法を紹介しています。また、第2章以降では各章末にさまざまな爬虫類・両生類の愛好家が制作したビバリウムの作例写真を掲載しています。

※「森林」「荒野」「水辺」というわけ方はあくまでも目安です。たとえば水辺のビバリウムでも森林のように植物を多く用いて仕上げることもあります。

本書のページの種類

本書は主として「Theory」「Theory ＆ Layout」「Layout」という三つのタイプのページで構成されています。

Theory

ビバリウム制作に必要な理論を紹介しています。各章はこの「Theory」からはじまります。

Theory ＆ Layout

各章内で「Theory」に続くページです。理論とともに実際のビバリウムの制作方法を紹介しています。そこで紹介しているビバリウムの対象以外の種の情報も掲載していて、幅広く知識を得られるページです。

Layout

各章内で「Theory ＆ Layout」に続くページです。爬虫類や両生類の種ごとに、実際のビバリウムの制作方法を紹介しています。

Collection of works

第2章以降の章末にあるページです。爬虫類・両生類の愛好家の方々のビバリウムを紹介しています。

その他にも巻末の「Conversation with vivarium」（監修者とビバリウムのエキスパートの対談）など、さまざまな角度から自分のイメージに合ったビバリウム制作に役立つ情報を掲載しています。

❶ 各ページの種類

そのページがどのような内容を紹介しているかを示しています。主な内容は左の説明に準じます。

❷ 簡易インデックス

基本的にはすべてのページについています。ビバリウム制作についての知りたい内容の検索にご利用ください。

本書（Layoutページ）の内容

本書では15のビバリウムを手順とととともに紹介しています。ポイントを押さえて、スムーズにビバリウム制作を進めましょう。

※流木が見えるように人工植物をバランスよく配置する
流木やコルクチューブを宙につけて泥に浮かせてレイアウトした。個性的で美しいビバリウム。また、床材としてヤシガラのウッドチップを使用していますが、その床材は1〜2か月に1回のペースで交換します。このビバリウムはレイアウト品を流水に浮かせているので、その作業がしやすいのが特徴の一つです。このビバリウムは流水の横の足の形を組んでいるポイントで、泥の泥りがしやすさと見えるようにアクセントの緑のシダ植物をモチーフにした人工植物は表面に設置しています

❶ 写真撮影の角度

メインとなる写真を撮影した角度です。「正面」は正面から撮影した写真です。

❷ Close up（クローズアップ）

そのビバリウムのポイントとなるところを拡大した写真で紹介しています。

❸ 同様の環境で飼育できる 他の仲間

そのページで紹介しているビバリウムで飼育することができる他の種を紹介しています。ただし、種によっては状況に応じて調整をしたほうがよいこともあります。

❹ ポイント

そのページで紹介しているビバリウムで、とくにポイントとなることをまとめています。

❺ （クレステッドゲッコー）を知る

そのページで紹介しているビバリウムの対象の種の生物としてのデータです。適切な飼育環境を整えるのに役立ちます。

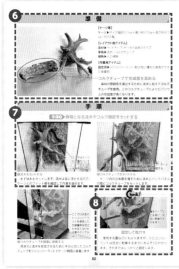

❻ 準備

そのページで紹介しているビバリウムを制作するために必要なアイテムを紹介しています。なお、ここで掲載している写真は準備するアイテムの一部で、特徴的なものです。

❼ 手順

そのページで紹介しているビバリウムを制作するための手順です。とくにポイントなる情報は引き出し線と文章で示しています。

❽ Check!

そのページで紹介しているビバリウムを制作するために知っておきたいコツなどを掲載しています。なお、囲みには「Check」の他に「Memo」と「NG」があり、その内容は次の通りです。

Memo▶ 対象の種などが関係する豆知識です。

NG▶ よくやってしまいがちなNGです。このようなことをしてしまわないように気をつけましょう。

❾ メンテナンスと飼育のポイント

そのページで紹介しているビバリウムのメンテナンスのポイントと、その対象の種の飼育のポイントです。各章の「Theory ＆Layout」で紹介している「メンテナンスと飼育のポイント」もあわせてご確認ください。

本書に登場する爬虫類・両生類

本書で紹介しているビバリウムの対象は爬虫類・両生類の種は22種です。
ここでは50音順でその種を紹介します。

※太字はビバリウム制作の手順も紹介しているページです。

アカメアマガエル

ジャイアントゲッコー

第1章

ビバリウムを
はじめよう

ビバリウムはかわいい爬虫類や両生類との暮らしを
さらに楽しくしてくれます。
自分のイメージに合い、完成度が高く、
生物にとって安全なビバリウムを制作するために
まずはビバリウムの基本を知りましょう。

ビバリウムは生物が暮らす環境を再現した空間の総称である

ビバリウムは総称で、アクアリウムやテラリウムはそのなかの一つです。
ビバリウムの世界は奥が深くて、いろいろな魅力があります。

■ 生育環境を再現した空間

　一般的にビバリウム（vivarium）はラテン語（あるいはイタリア語などのラテン語をもとにする言語）が語源とされています。最近はビバは「万歳」と直訳されますが、もともとは「生命」という意味です。また、「〜リウム」は「〜のための場所」という意味です。

　つまり、ビバリウムは「生命のための場所」という意味で、生物が生きる環境を再現した空間の総称です。そこに含まれる範囲は広く、アクアリウムやテラリウムもビバリウムのなかの一つとされています。

【ビバリウムとは】

ビバリウム
生物が生きる環境を再現した空間の総称。言葉の意味としては下の「アクアリウム」も含まれるが一般的には爬虫類や両生類が対象となる

アクアリウム
水生生物を美的に飼育すること。あるいはそのための設備

テラリウム
陸上の生物を美的に飼育すること。あるいはそのための設備

パルダリウム
多湿な環境を好む植物を美的に飼育すること（そこに生物を含めることもある）。あるいはそのための設備

ビバリウムの魅力

■生物のリアルな姿を観察できる

　基本的にビバリウムは生物が好きな人が楽しむ趣味です。飼い主は好きな生物が生息している自然環境を再現し、そのなかで生物が食事をしたり、お気に入りの場所で寝たりと生活します。その様子を観察することは、とても楽しいものですし、その生物の新しい面を発見することもあり、飼い主は、よりその魅力に気がつくことができるでしょう。

　また、ビバリウムの制作については、その基本はあるものの、絶対的な正解はありません。これは自分ならではの空間を作ることができ、そのビバリウムは世界に一つだけしかないということです。

　以前はビバリウムというと制作のために専用の道具が必要で、時間も労力も要する、一部の人が楽しむものという印象がありました。それが最近は幅が広がり、以前よりもずっとシンプルなものを楽しむ人が増えています。

　資格は必要ありませんし、生物好きなら誰もが楽しめる、素敵な世界です。

ビバリウムは自分の手で「もの」を作り出す喜びも味わえる

必要なもの

■生体と水槽、レイアウト用の素材が必要

　ビバリウムに必要なものは大きくわけると三つあります。

　まず、何よりも大切なのが生体です。左ページでも触れましたが、一般的には爬虫類や両性類が対象となります。

　また飼育スペースとなるケージ（水槽）も欠かせません。ビバリウムに使えるケージにはガラス製とアクリル製などがありますが、基本的には傷がつきにくく、きれいな状態を維持しやすいガラス製のものがよいでしょう。

　もう一つはレイアウト用のアイテムです。レイアウト用のアイテムは下に敷く床材や全体の骨格となる流木、自然ならではの雰囲気を演出する植物などいろいろなものがあります。

➡ビバリウムに必要なアイテムの詳しい情報は22ページ

ケージは、よりビバリウムに適しているもの選びたい

作り方の基本

■土台となる部分から作りはじめる

　ビバリウムの作り方は、飼育する生物の種類や仕上がりのイメージによって異なります。ただ、基本があって、手順については多くは「床材を敷く」などの土台となる部分からはじめて、次に「流木をセットする」などの骨格を作り、そのあとに「コケをセットする」などの細部の作り込みへと進みます。

　制作に要する時間については、こだわるほどに必要な時間が長くなりますが、シンプルなものなら1時間もかかりません。本書では長くても1日で終わるものを中心に紹介しています。

NG 勢いではじめない

　ビバリウムは生物を飼育するもので、生物は最期まで一緒に暮らすのが基本です。ビバリウムの制作には一定の費用がかかりますし、生物の飼育にはスペースや時間が必要です。いろいろな要素を検討したうえでスタートしましょう。

ビバリウムはいろいろなタイプがある。
生物に合ったものを作ろう

ひと口にビバリウムといっても、いろいろなタイプがあります。
まずはどのようなものがあるのか、チェックしましょう。

■ シンプルなものは30分で制作可能

ひと口にビバリウムといってもいろいろなタイプがあります。本書では爬虫類や両生類のビバリウムを紹介しています。

「ビバリウムは難しい」と思うかもしれませんが、難易度の幅も広く、本書ではしっかりと用意が整っていれば、制作作業自体は30分ぐらいで終わるビバリウムも紹介しています。ビバリウム制作には注意したい点があるものの、基本的には「こうしなければいけない」という決まりはありません。生物に合ったものを選び、制作を楽しみましょう。

ジャンルの違い

■ 自然の環境によってビバリウムの内容がかわる

ビバリウム制作でもっとも重要なのは、対象の生物のことを詳しく知ることです。とくにその生物が生息する自然環境が重要で、基本的にビバリウムは、その環境を再現することを目指します。本書では環境ごとに「森林」「荒野」「水辺」という章にわけてビバリウムを紹介しています。なお、この環境わけはあくまでも目安で、たとえば「森林」のなかにも水場が必要な種もいます。

森林に棲む仲間のビバリウム

森林は爬虫類や両生類のビバリウムでは、もっともポピュラーで、対象の生物の種やビバリウムの幅がとても広いジャンルです。対象は立体的な活動をできる飼育環境を必要とする生物で、基本的には高さがあるケージを使用します。
➡詳しくは41ページ〜

荒野に棲む仲間のビバリウム

イメージとしては乾燥気味で荒涼とした地です。手軽に制作できる傾向があります。
➡詳しくは87ページ〜

水辺に棲む仲間のビバリウム

生体が健康に暮らすためにしっかりと水場を設ける必要があるビバリウムです。
➡詳しくは107ページ〜

ケージのサイズの違い

■ケージは生体のサイズに合わせるのが基本

　ビバリウムの制作に取りかかる前に、考慮したいことの一つにケージのサイズがあります。

　生体の入手と同時にビバリウムをスタートする場合は、その生体が若い個体であれば、大人になったときのサイズを考慮する必要があります。ケージは生体のサイズに合わせる必要があり、大きい個体には大きなケージを用意します。自宅内にそれだけのスペースが求められます。

　なお、ケージのサイズについては、体が小さい若い頃はそのサイズに合ったものを選び、成長に合わせてケージをかえるという考え方もあります。その考え方には食事として生きたコオロギをケージ内に放す場合に、生体が食事に遭遇しやすいなどのメリットがあります。

大きなサイズのビバリウム

　ジャイアントゲッコーは大きい個体は全長が40cmにもなります。その体のサイズに合うように、本書では高さが60cmの大型のケージを使用したビバリウムを紹介しています。
➡写真のビバリウムは64ページ

難易度の違い

■徐々にステップアップしていってもよい

　爬虫類や両生類を健康に育てることだけが目的なら、とてもシンプルな飼育環境でもOKです。ビバリウムは飼い主のこだわりであり、絶対的な正解はありません。レイアウト用のアイテムの数が多く、凝ったビバリウムは、それだけの時間と費用を要します。最初から無理をする必要はなく、徐々にステップアップしていってもよいでしょう。本章では比較的、シンプルなビバリウムと難易度が高いビバリウムを紹介しています。

シンプルなビバリウム

　使用するレイアウト用のアイテムの数が少ないと手軽に制作できる傾向があります。
➡写真のビバリウムは28ページ

難易度が高いビバリウム

　レイアウト用のアイテムの数が多く、バックパネルを自作すると難易度は高くなります。
➡写真のビバリウムは34ページ

地球にはたくさんの爬虫類や両生類がいてビバリウムの対象となる種はとても豊富である

爬虫類や両生類の種はとても豊富です。ここでは生物分類ごとに、本書で掲載している、爬虫類や両生類の種を紹介します。

■ 地球にはたくさんの種の爬虫類と両生類がいる

一般的に地球上には1万種以上の爬虫類、6千5百種以上の両生類がいるといわれています。基本的に、そのなかでビバリウムの対象となるのは家庭で飼育してよいものとして流通している種で、それもかなりの数が存在します。

ここでは本書内で紹介しているビバリウムの対象の種を生物分類の「科」別に紹介します。

ヤモリの仲間

■ ヤモリはポピュラーなビバリウムの対象

ヤモリは爬虫類のヤモリ科などに属する種の総称です。約650種がいるといわれ、ポピュラーなビバリウムの対象です。多くは樹木の上で生活する樹上性で、コオロギなどの昆虫を主食としています。

ヘリスジヒルヤモリ
ヤモリ科ヒルヤモリ属
➡詳しくは28ページ

ジャイアントゲッコー
イシヤモリ科ミカドヤモリ属
➡詳しくは64ページ

クレステッドゲッコー
イシヤモリ科オウカンミカドヤモリ属
➡詳しくは60ページ

ボルネオキャットゲッコー
トカゲモドキ科オマキトカゲモドキ属
➡詳しくは68ページ

MEMO

日本代表はニホンヤモリ

ヤモリの仲間は国内にもいろいろな種類が生息しています。なかでもよく見かけるのがニホンヤモリ（ヤモリ科ヤモリ属）です。ヤモリは漢字で書くと「家守」で、古くから「家の守り神」とされてきた縁起のよい生物として知られています。

レオパ（ヒョウモントカゲモドキ）
　トカゲモドキ科 ヒョウモントカゲモドキ属
➡詳しくは96ページ

MEMO
ヤモリとトカゲの違いは瞼（まぶた）

　ヤモリとトカゲは別の科の種ですが、外見は似ています。では、違いは何かというと、一つはヤモリの仲間は夜行性が多く、トカゲの仲間は昼行性が多いことです。また、顔をよく見ると、ヤモリの仲間は瞼がなく、トカゲの仲間は瞼があることに気がつきます。ただ、これらはあくまでも傾向で例外もあり、たとえばヤモリの仲間のレオパには瞼があります。

トカゲの仲間

▦ 種の数は多く、かっこいいものもいる

　地球に生息しているトカゲの仲間の種はヤモリの仲間よりも多く、約4千5百種がいるとされています。大きさや生態はさまざまで、まるで恐竜のような「かっこよいシルエット」の種もいます。

フトアゴヒゲトカゲ
　アガマ科アゴヒゲトカゲ属
➡詳しくは90ページ

グランカナリアカラカネトカゲ
　トカゲ科カラカネトカゲ属
➡詳しくは100ページ

いろいろな爬虫類

写真はアルビノの個体

▦ ヘビやカメレオンも人気

　ヤモリやトカゲの仲間以外の爬虫類では、カメレオンやヘビの仲間もビバリウムの対象として人気です。なお、ヘビは地上性と樹上性のものがいて、地上性は横長、樹上性は縦長のケージがよいとされています。

MEMO
国内にカメレオンはいない

　ヤモリもトカゲもヘビも、自然環境下でその仲間が国内に生息していますが、カメレオンの仲間は国内にいません。

エボシカメレオン
　カメレオン科カメレオン属
➡詳しくは72ページ

アオダイショウ
　ナミヘビ科ナメラ属
➡詳しくは76ページ

カエルの仲間

■ 種類は豊富。ビバリウムは種に合わせて仕上げる

　カエルの仲間はビバリウムの対象となる両生類のなかで代表格といってよい存在です。いろいろな種がいて、生息している環境もさまざまです。ビバリウム制作ではカエルというくくりで考えず、それぞれの種に合うように仕上げることが重要です。

ヤドクガエル（種名／マダラヤドクガエル）
　ヤドクガエル科ヤドクガエル属
➡詳しくは34ページ

MEMO
ヤドクガエルはさらに細かい種にわけられる
　ヤドクガエルは「ヤドクガエル科」に属する種の総称で、そこから、さらにキオビヤドクガエルやミイロヤドクガエルなどの細かい種にわけられます。体のサイズや体色、模様などが種によって異なりますが、中央アメリカや南アメリカの熱帯地方に分布し、毒々しいほど鮮かな色彩をしているのは共通しています。

種名／ズアカヤドクガエル

種名／キオビヤドクガエル
➡ビバリウムは81ページ

種名／ミイロヤドクガエル
➡ビバリウムは81ページ

アカメアマガエル
　アマガエル科アカメアマガエル属
➡詳しくは52ページ

Check!
生体をよく観察しよう
　生体の、普段はあまり見ることができない部分を見られることもビバリウムの魅力の一つです。たとえばカエルの仲間はケージの側面に張り付くことがあり、そうすると手のひらやお腹を観察することができます。

イエアメガエル（写真の体色・模様はスノーフレーク）
アマガエル科アメガエル属
➡詳しくは56ページ

ミヤコヒキガエル
ヒキガエル科ヒキガエル属
➡詳しくは118ページ

イモリの仲間

■ 幼体はエラ呼吸で生きる

　イモリの仲間はトカゲのような姿をしていますが、幼体の頃はエラ呼吸で生活する両性類です。成体になると肺呼吸と皮膚呼吸をするようになりますが、基本的には水場の近くで暮らすので、ビバリウムにも水場を設置します。

オキナワシリケンイモリ
イモリ科イモリ属
➡詳しくは110ページ

ビバリウムの対象となるいろいろな生物

■ 珍しい爬虫類や両生類は飼育のための情報が少ない

　他にも本書ではアルマジロトカゲのビバリウムなどを紹介しています。なお家庭であまり飼育されていない生物は個性的で飼育する喜びも大きいものですが、生体の健康を維持するために必要な情報が少ないという面もあります。

アルマジロトカゲ（104ページ）

NG カメの仲間は向かない

　カメの仲間も多くの家庭で飼育されている人気の爬虫類です。ただ、カメの仲間は地表を力強く動く種が多く、せっかくビバリウムを制作してもすぐにボロボロになってしまいがちです。NGというといいすぎかもしれませんが、カメの仲間はあまりビバリウムには向きません。

MEMO

モルフは個体の色や模様などの特徴が確立されているもの

　爬虫類や両生類の世界には「モルフ」という言葉があります。まだ新しい言葉で人によってニュアンスが異なることもありますが、基本的には人工的な交配で個体の色や模様などの特徴が一つのタイプとして確立されているものを指します。とくにレオパやフトアゴヒゲトカゲはいろいろなモルフがいます。➡レオパのモルフは106ページ

飼育している爬虫類や両生類のことを知り、その自然環境を再現する

ビバリウム制作に取りかかる前にまずは基本を押さえておきましょう。
なかでも大切なのは生物や自然環境を深く知ることです。

■ポイントを押さえるとスムーズに進められる

シンプルなビバリウムは制作自体は30分ぐらいしかかかりません。爬虫類や両生類を愛する気持ちがあれば、誰でも楽しめるといえますが、ポイントを押さえておくと、よりスムーズに作業を進めることができます。

また、ビバリウム制作には「これをしてはいけない」という点もあるので、事前にそのような注意点を知っておくことも重要です。

魅力的なビバリウム制作のヒント

■飼育する生物のことを知る

ビバリウムを制作するうえで、とくに大切なのが、そのビバリウムで飼育する爬虫類や両生類のことをよく知ることです。

「健康に暮らせる温度や湿度」「普段、生活している場所」「成長したときの大きさ」「活動する時間帯や活動量」などが知っておきたいポイントで、状況によっては、それに合わせてレイアウトする必要もあります。

■自然環境を知る

飼育している爬虫類や両生類のことを知ったら、その種が生息している自然環境の理解を深めましょう。

基本的にビバリウムはその生物が生活している自然環境を再現するものです。再現できると違和感がなく、観賞価値が高いビバリウムに仕上がりますし、何より生体がストレスなく生活することができます。

■いろいろなビバリウムを見る

他の愛好家が制作したビバリウムを見ることは、自分のビバリウムの完成度を高めることに役立ちます。「素敵だな」と思ったら、具体的にどこを素敵だと思ったのかを考え、必要に応じて自分のビバリウムに取り入れましょう。

ビバリウム制作の注意点

■普段の観察のしやすさも考慮する

　ビバリウム制作の注意点として、まず意識したいのが安定性です。セットしたレイアウト用アイテムが崩れると、かわいい生体が下敷きになってしまう可能性があります。ビバリウムが完成したら、生体を入れる前にしっかりと安定性を確認します。

　また、その種の特性や個体の性格を考慮して、溺れたり、挟まって動けなくならないように配置することも重要です。

　もう一つ、観察のしやすさも重要です。あまりに複雑なビバリウムに仕上げて、陰となる部分が多くなると、生体を見つけにくくて健康状態の確認をできないということになってしまいます。

NG 見た目だけで植物を配置しない

　植物はビバリウムを彩る重要なアイテムですが、なかには生体が食べると害となるものもあるで注意が必要です。たとえばポトスは毒性があることが知られています。まず、その植物が毒性の有無を知ることが大切で、あってもその生体では誤食の可能性がなければ、もちろんケージ内に配置してもOKです。また人工植物についても、フトアゴヒゲトカゲのように雑食の種は誤食してしまう可能性があります。植物のことも知り、状況に応じた対応をしましょう。

スムーズに進めるヒント

■事前に完成のイメージを固める

　ビバリウム制作をスムーズに進めるためのポイントの一つは、作業に取りかかる前に、しっかりと完成のイメージを固めることです。物作りのすべてに共通していますが、やはり計画性が重要です。

　イメージを固めるための方法としては、用意したレイアウト用アイテムを実際にケージ内に置いて確認することも有効です。

■臨機応変に対応する

　基本的にビバリウムは「土台→骨格→細部」という順で行うとスムーズに進められますが、無理にその手順にこだわる必要はありません。たとえば植物をセットする場合、先に土台となる床材を敷き詰めると、あとから植物のためのスペースを掘り起こすことになる可能性があります。また、事前に完成のイメージを固めることが重要ですが、実際に見ると印象が違い、調整が必要なこともあります。臨機応変に対応することも大切です。

Check!

作業をしやすくしてから取りかかる

　基本的に市販のケージの扉はあけるだけではなく、はずすこともできます。扉をはずしたほうがスムーズに作業できるようであれば、まずは扉をはずすところからビバリウム制作をスタートします。また、可視光線ライトを設置する場合は、先に設置して点灯すると手元が見えやすくなるというメリットがあります。

ケージと床材、骨格となる大きなアイテムと ケージ内の彩りとなる植物などが必要

ビバリウムに必要なアイテムはカテゴリーごとに考えるとスムーズに準備できます。
健康維持に必要なものも忘れないようしましょう。

■ 水入れやシェルターにもこだわる

　ここではビバリウムに必要なアイテムを紹介します。基本的な考え方として、まず飼育スペースとなるケージが必要で、ベースとなるものとして底に敷く床材や流木などの骨格を用意。そこに植物などの彩りやアクセントといった意味合いがあるレイアウト用アイテムをセットするということになります。

　また、状況によっては生体の健康維持のための水入れやシェルターも必要で、それらも見た目の美しさにこだわりたいところです。

ケージ

■ ビバリウム制作はケージ選びからはじまる

　ケージとは生物の移動できる範囲を制限するための檻やカゴなどのことです。サイズやかたちはさまざまで、あると便利な機能が搭載されているものもあります。ビバリウム制作はケージ選びからはじまるといってよいでしょう。

ケージ選びで考慮したい要素

【サイズ】

　対象の生体のサイズに合わせるのが基本で、成長によるサイズの変化を考慮する必要があります。なお、本書では紹介しているビバリウムのケージのサイズを表記しています。

ヤドクガエルに使用した高さが約40cmのケージ
➡ ビバリウムは34ページ

【かたち】

　大きくは縦長と横長にわけられ、木に登る性質がないものは横長が向いています。

➡ ビバリウムは118ページ

ミヤコヒキガエルに使用した横長のケージ

【素材】

　一般的には透明度と強度が高いガラス製のものを使用します。他には金属製のメッシュ素材などがあり、それには通気性がよいなどのメリットがあります。

エボシカメレオンに使用したメッシュ素材のケージ
➡ ビバリウムは72ページ

【付属品】

　付属品もケージ選びの要素です。たとえば観賞価値の高いバックパネルが付属しているものもあります。

アオダイショウに使用したバックパネル付きのケージ
➡ ビバリウムは76ページ

床材

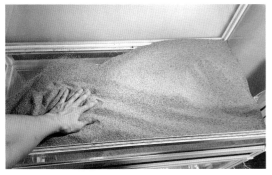

■ 軽石などの園芸用のものも使用可能

　ケージの底に敷く床材も種類は豊富で、それぞれに特徴があります。爬虫類や両生類の飼育用のものの他に、軽石などのホームセンターで販売している園芸用のものも使用できます。

主な床材の種類

	特　徴
軽石	天然由来の軽い岩石。ビバリウムでは排水性を高めるために、いちばん底に敷かれることが多い
赤玉土	関東ローム層から採取される赤土を乾燥させたもので園芸用品としても人気。粒状で排水性が高い
床材用の砂	天然の砂の他に、植物素材を砂状に細かく砕いたものもある。荒野に分布する生物によく合う
ソイル	天然の土を粒状に固めたもの。いろいろな商品が市販されていて消臭効果が高いものなどがある
ウッドチップ	天然の樹木を細かく砕いたもの。松の樹皮を砕いた「パインバーク」など、素材も選べる
ペットシーツ	犬などを含めて愛玩動物のトイレに使用される人工の吸水シート。入手しやすく、交換も簡単

骨格となるアイテム

■ 流木やコルクがポピュラー

　ここでいう「骨格となるアイテム」とは、そのビバリウムの仕上がりの方向性を決めるような大きくて存在感があるアイテムのことです。ポピュラーなのが流木で、コルクのチューブなどもよく使用されます。なお、コルクとはブナ科の常緑樹であるコルクガシの樹皮のコルク組織を剥離して加工した、弾力性に富む素材の総称です。

骨格として使用されるコルクの種類

	特　徴
コルクチューブ	なかが空洞になっているコルクの太い幹や枝
コルクブランチ	コルクの枝
コルク樹皮	コルクの樹皮

ケージのサイズや植物の大きさによっては観葉植物も骨格として考えられる
➡詳しくは56ページ

Check!
状況に応じて工夫をする

　骨格選びでは「いかに自分のイメージに合うアイテムを見つけて入手できるか」が重要です。ただし、自然由来のものなので、なかなか見つけられないこともあるでしょう。サイズが合わなければ自分でカットするなど、状況に応じて工夫をすることも大切です。

レイアウト用アイテム／植物

■観葉植物やコケで完成度を高める

ビバリウムを「美しく魅せるためのもの」と考えると、その彩りやアクセントとしての役割を担うのが植物です。

観葉植物やコケをレイアウトすると、より完成度が高くなります。最近は美しい人工植物も多く市販されているので、そちらを使用するのもよいでしょう。

また、鳥にとっての止まり木のように、種によっては健康な生活を維持するのに必要なこともあり、その場合は植物は必須となります。

飼育用アイテム／水入れ

■水入れも自分のイメージに合うものを選ぶ

地球上のすべての生物に水分は必要であり、もちろん、それは爬虫類や両生類も例外ではありません。そこでビバリウムには生体の水分補給のために水入れを設置します。せっかくケージ内を美しく仕上げるのですから、水入れも自分のイメージに合うものを選びましょう。

Check!

霧吹きで対応することも可能

水入れはすべてのビバリウムに必要かというと、そうではありません。

一つはケージの底に高低差を設け、低いところに水を張るというタイプのビバリウムです。本書では110ページのオキナワシリケンイモリのビバリウムがそのタイプです。

もう一つは、生体の水分補給の方法として、霧吹きを使用し、植物の葉などについた水滴を舐めてもらうという方法を採用するケースです。自然環境下ではそのようなかたちで生息している種もいて、水入れの水は飲まないこともあります。

定期的に自動で霧吹きをしてくれるミスティングシステムも市販されている

ミストの細かさの調整など、いろいろな機能が搭載されている爬虫類・両生類の飼育用の霧吹きもある

飼育用アイテム／シェルター

市販のシェルター。市場にはいろいろなタイプが出回っているので、吟味して決めたい

塩ビ管をベースに自作したシェルター。シェルターも工夫の余地がある
➡詳しくは76ページ

■ シェルターも デザイン性を考慮

　生体が自身の身を隠せるためのものをシェルターといいます。生体のストレスを軽減するために種によってはシェルターが必要になります。こちらも水入れと同様に、デザイン性を考慮して選びたいものです。

飼育用アイテム／ライト類

■ 状況に応じて設置する

　使用するライトには主として、「可視光線ライト」「バスキングライト」「UVライト」という三つの種類があります。種によって必要なライトはかわるので、状況に応じて設置します。

ビバリウムに使用する主なライトの種類

	特徴
可視光線ライト	部屋の灯りと同様に飼育者がケージ内を鑑賞しやすくるためのライト
バスキングライト	ケージ内の温度を高めるためのライト。とくに気温が高い地域に棲む種に必要
UVライト	紫外線を照射するライト。とくに日差しが強い地域に棲む、昼行性の種に必要

Check!
温度管理の方法

　ケージ内の温度管理について、とくにビバリウムでは冬の寒さ対策が必要になることが多いものです。一般的にはバスキングライトの他に全体を温めるヒーターを使用します。また、ケージごとではなく、自宅に飼育部屋を設けて、部屋ごと管理するという方法もあります。

その他のアイテム

■ 接着剤などの作業用アイテムもしっかりと準備する

　本書で紹介しているビバリウムには、他にもバックパネルのベースとして使用するフローラルフォームやレイアウト用アイテムを固定して、さらに美観の向上に役立つゼオライト配合の造形材を使用しているものもあります。また、接着剤のようにビバリウム制作を進めるうえで必要になるものもあります。これらを使用する場合も、作業に取りかかる前にしっかりと準備しておきます。

フローラルフォームはフラワーアレンジメントによく使用される。「オアシス」や「園芸用吸水スポンジ」という言葉で探すと商品を見つけやすい

ゼオライト配合の造形材は粉末で水に溶かして使う。水に溶かした直後は粘土のような質感で自在に形成できる。乾燥すると固まり、アイテムの接着剤としても使用可能

ビバリウムは作って終わりではなく、植物の管理などのメンテナンスが必要

ビバリウム制作は楽しいものですが、それはスタートにすぎません。
美しさや生体の健康を維持するための知識も身につけましょう。

■ 伸びた植物はきれいに整る

本書では制作したビバリウムのメンテナンスと飼育のポイントは森林、荒野、水辺という分野ごとに紹介しています。

ここでは各分野に共通している、コツや注意が必要なものを写真とともに紹介します。たとえば植物は伸びて姿が乱れていたら、カットして整えます。

➡森林のビバリウムのメンテナンスと飼育のポイントは51ページ
➡荒野のビバリウムのメンテナンスと飼育のポイントは95ページ
➡水辺のビバリウムのメンテナンスと飼育のポイントは117ページ

メンテナンスのポイント／植物の管理

枯れた植物は植えかえなどで対応する

■ 枯れた植物は別のものに植えかえる

爬虫類や両生類と同様に植物も生きていて成長します。成長して姿が乱れているようであれば、市販の植木バサミなどを使用してカットします。

また、本書で紹介しているビバリウムでは、環境に合った植物を使用していますが、日照時間や根の張り具合の問題で枯れてしまうこともあります。その場合は別の植物に植えかえるか、誤食のおそれがなければ人工植物にかえるようにします。

メンテナンスのポイント／底に溜まった水の排水

ケージの底の水はサイフォンの原理を利用するなどして排水する

とくに生体の水分補給やケージ内の湿度の管理のために霧吹きを使用すると、ケージの底に水が溜まります。ケージ内を清潔な状態に保つために溜まった水は排水するのが基本です。排水の方法はスポイトを使用する以外にサイフォンの原理を利用する方法があります。

サイフォンの原理を利用した排水方法

ビニールチューブを用意する。ビニールチューブはホームセンターなどで購入可能

事前に水を張ったバケツに浸けるなどしてチューブ内を水で満たしておく

チューブ内を水で満たしてから、一方をケージ内の水が溜まったところにセットする

MEMO

サイフォンの原理とは

サイフォンの原理とはわかりやすくいうと、水を高い位置の出発点と低い位置の目的点を管でつないで流す場合、管内が水で満たされていれば、管の途中に出発地点より高い地点があってもポンプでくみ上げることなく水が流れ続ける仕組みのことです。

メンテナンスのポイント／清潔な環境の維持

■ 小さい昆虫は見つけたら駆除する

　衛生面については、ビバリウムは土や植物を使用することが多く、コバエ（ショウジョウバエ）などの小さな昆虫が発生することがあります。かわいい爬虫類や両生類への影響を考えると、殺虫剤を使用するわけにはいきません。とはいえ、そのままにしておくと繁殖してしまう可能性があるので見つけたら、その都度、すみやかに駆除することになります。

Check!
昆虫が湧かないようにする工夫

　自然環境下で拾ってきた流木や植物、コケなどには小さな虫や細菌などが付着している可能性があります。流木や岩などは「煮沸消毒をする」「電子レンジでチンする」、植物やコケは「よく洗ってから使用する」など、事前の一手間で昆虫の発生を未然に防ぐことが可能です。

　自分で山などに行き、イメージに合ったオブジェを探すことはビバリウム制作の楽しみの一つではありますが、小さい昆虫や細菌の懸念もあることを念頭に、事前に処理を行いましょう。

飼育のポイント／給餌の方法

■ コオロギを与える方法は三つある

　飼育している両生類や爬虫類の食事にはいろいろなタイプがあります。なかでもポピュラーなのがコオロギです。コオロギの与え方にはピンセットを使うなど、三つの方法があります。

ピンセットで与える
　捕食の瞬間を間近で見ることができ、生体とのコミュニケーションにもなります。ただし、生体の慣れが必要です。

生きたコオロギをケージ内に放す
　飼育者の手間が少ない、自然に近い給餌方法。ただし食べ残したコオロギの管理が必要になることもあります。

エサ入れを使う
　冷凍コオロギなどを小皿に入れて、生体自身のタイミングで食べてもらうやり方もあります。

Check!
与え方を工夫する

　食事にコオロギを与える場合、栄養素を考慮した爬虫類用のカルシウムやビタミンなどのパウダーが市販されていて、それらをまぶすと、より健康に育ちます。また、コオロギの後ろ足は消化がしにくいことなどから、取ってから与えるという選択肢もあります。取り方は簡単でコオロギの後ろ足の太い部分をピンセットもしくは指で摘んで引き抜くように力を入れると、身の危険を回避するためにコオロギは自分で後ろ足を切り離します。

小型の爬虫類を美しい環境で鑑賞できる手軽なコンパクトビバリウム

ビバリウムの基礎を知ったら、いよいよ制作に取りかかりましょう。
まずは手軽に制作できるコンパクトな作品を紹介します。

正面

Close Up

骨格として樹木の根をイメージした流木を使用している

正面のやや左側から見たところ。全体のバランスを考慮して観葉植物は一つだけをセット

■コンパクトでアイテムが少なく、約10分で制作可能

　コンパクトで入門者も手軽に取り組めるビバリウムです。対象のヘリスジヒルヤモリは小〜中型とされている爬虫類で、大きいもので全長15㎝ぐらい。そのサイズに合わせて、このビバリウムは約22㎝（幅）×約22㎝（奥行）×約33㎝（高さ）という小さめのケージを使用しています。また、流木や植物などのレイアウト用アイテムも多くはなく、作業自体は慣れるとおよそ10分、はじめてでも30分ぐらいで制作可能でしょう。美しく仕上げるためのポイントの一つは樹木の枝を配置することで、あえて少し汚れているものを選ぶのも選択肢の一つです。

同様の環境で 飼育できる他の仲間
●ニホンヤモリ ●ヤドクガエル ●アマガエル ※その他の小型のヤモリや 　カエルの仲間など

ポイント

■ 小型のケージを用意する

　生体のサイズに合わせて、ケージは小型のものを選んでいます。大きいケージにくらべて、ビバリウムを制作しやすく、メンテナンスも容易であるというメリットがあります。

■ 樹木の枝で完成度を高める

　まず床材の表面にコケを敷き、そこに折れた樹木の枝を刺したり、横に寝かせた状態で置いて、より自然環境のイメージに近づけています。なお、太い枝はコケにめり込むようにセットして、まるで落ちた枝を避けてコケが成長したように表現しています。

ヘリスジヒルヤモリを知る

■ ヤモリの仲間では少数派の昼行性

　ヒルヤモリは太陽が出ている時間に活動する昼行性で、名前の「ヒル」は「昼」に由来するとされています。いくつかの種がいますが、ヘリスジヒルヤモリはヘリ（縁）、すなわち体の側面に赤黒いすじ（ライン）が入っているのが特徴です。分布しているのはアフリカ大陸の東南部に浮かぶマダガスカル島です。マダガスカル島は地域によって気候が異なりますが、ヘリスジヒルヤモリは温暖、あるいは気温の高い気候を好むとされています。

　ヤモリの仲間は夜行性の種が多いものの、先に触れたようにヘリスジヒルヤモリは昼行性で、日中に活発に活動します。警戒心が強い傾向があるものの、環境に慣れると物陰に隠れることは減り、美しい姿を観察することができるでしょう。

【生物データ】
- 種属／爬虫類、ヤモリ科ヒルヤモリ属
- 全長／約10〜15cm
- 寿命／5〜10年ほどとされている
- 食性／動物食（コオロギなどの昆虫が中心）
- 外見の特徴／体色は鮮やかな緑色で、体の側面に赤黒い線が入っている

- 飼育のポイント／他の多くの爬虫類と同様に寒い時期にはケージ内の温度が低くならないように温度管理には注意が必要。1年を通して温度は20〜30度、湿度は60〜80％が目安となる。
　また、動きがすばやいので脱走にも要注意である。
　食事はコオロギなどの生きた昆虫（あるいは冷凍した昆虫）の他、昆虫ゼリーやクレステッドゲッコー用の人工飼料がメインとなる。

【ケージ等】
ケージ▶サイズ幅約21.5cm×奥行約21.5cm×高さ約33.0cm／ガラス製
ライト等▶UVライト
【レイアウト用アイテム】
床材▶軽石／ウッドチップ（パインパーク：松樹皮）
骨格▶流木／木の枝
植物▶観葉植物（小型のもの1種）／コケ（ハイゴケ）
【飼育用アイテム】
水入れ▶爬虫類用の水入れ

樹木の根をイメージさせる流木を使用

　とくに重要なポイントとなっているのが骨格となる流木です。ここでは樹木の根をイメージして、そのようなかたちのものを選んでいます。

シンプルなビバリウムの準備

■大きい生体はより注意が必要

　「これからビバリウムをスタートしよう」という入門者のなかには、対象が体のサイズが大きい生体の人もいるでしょう。その場合もレイアウト用のアイテムを限定してシンプルにまとめることは可能です。

　ただし、ビバリウムのケージは生体のサイズに合わせるのが基本なので、用意するケージは大きいサイズが必要になりますし、アイテムも大きいものを使用することになります。体のサイズが大きい生体は力が強く、アイテムが大きいということは重いということでもあるので、レイアウトしたものをよりしっかりと固定することが求められます。

大きいサイズのビバリウムにはより注意が必要

■レイアウト用アイテムはかたちにこだわる

　ビバリウム制作ではレイアウト用アイテムを配置する位置はもちろんのこと、そもそもの使用するアイテムのかたちや色が仕上がりを大きく左右します。とくに、ここで紹介しているヘリスジヒルヤモリのビバリウムのようにレイアウト用アイテムが少ない場合はアイテム自体にこだわりたいところです。

　流木やコルクについては爬虫類ショップをはじめ、インターネットの通販サイト、フリマアプリなどで購入することができ、流木は専門店もあります。自分のイメージに合ったものを使用しましょう。

MEMO
無理なくできるところからスタートする

　ビバリウム制作では「無理なく、できるところからスタートする」という発想も大切です。たとえば、それまで床材にペットシーツを使っていたとしたら、それをウッドチップにかえるだけでも印象はかわります。

　また、ビバリウムは生体が健康に暮らすことができることを前提とした、その先のステップで、他の人と完成度を競うものではないということを心のどこかに留めておきたいものです。

手 順

手順❶ 床材を敷く

ケージを完成したビバリウムを置く予定の場所に運び、UVライトをセットする

❶仕上がりをイメージする

ケージ置いて、仕上がりをイメージします。

❷軽石を敷く

軽石をケージの底の全面に敷き詰めます。

ウッドチップはケージ内の湿度の維持に役立ち、見た目も美しい

❸ウッドチップを敷く

軽石の上にウッドチップを敷き詰めます。

手順❷ コケと水入れをセットする

水入れのスペースをあけておく

❶コケを敷く

ウッドチップの上にコケを敷き詰めます。これで下から軽石→ウッドチップ→コケの3層になります。

水入れは手前のコーナー付近に設置すると見た目のバランスがよく、メンテナンスがしやすい

❷水入れをセットする

水入れをセットします。場所については、ここではケージ内のコーナー付近を選んでいます。

シンプルなビバリウムの進め方

■ 仕上がりのイメージがないと二度手間になることも

ビバリウム制作では実際の作業に取りかかる前に、しっかりと自分のイメージを固めることが大切です。これはシンプルなビバリウムに限りませんが、とくに入門者は意識したいことです。

その大きな理由の一つは、イメージが固まっていないと作業を効率的に進められないからです。たとえば、ここでは水入れをセットしていますが、そのスペースにはコケを敷いていません。

もちろん臨機応変に対応することは大切ですが、あまりに無計画に進めると、「ビバリウム制作は大変」と感じることが多くなり、楽しめなくなってしまいます。

事前にイメージが固まっていないと「一度、敷いたコケを取り除く」という二度手間になる

流木はガラスを傷つけないように静かにセットして、セット後は安定性を確認する

❶流木をセットする

　骨格となる流木をセットします。セットしたら、しっかりと安定性を確認します。

Check!

流木や植物の顔を意識する

　流木や植物にも私たち人間と同じように顔があります。それはいちばん見栄えがよい向きのことで、同じものでも表と裏ではまったく印象が異なることがあります。流木や植物をセットする際には、いろいろな角度から観察して、もっともよい向きを見つけるように意識しましょう。

流木や植物を横に回転させると、見栄えがよい向きがあることに気がつくこともある

観葉植物は、その場所のコケを除いて、軽く床材を掘り、ポットから取り出して植えている

❶植物をセットする

　メインのレイアウト用アイテムである観葉植物をセットします。

MEMO

観葉植物は百均でも購入可能

　観葉植物はフラワーショップの他に、100円均一ショップで売られていることもあります。

シンプルなビバリウムのレイアウトのコツ

■ アイテムの配置は自然環境を意識する

　レイアウト用アイテムを配置する場所を決めるのは難しいものです。とくにシンプルなビバリウムは他のアイテムでカバーすることができないので、悩むことも多いでしょう。

　配置する場所を決めるためのキーワードの一つは「違和感をなくして自然環境に近づける」です。言葉をかえると「辻褄が合う」ということになります。このヘリスジヒルヤモリのビバリウムでは「樹木（流木）に緑の葉」という自然環境で見られる組み合わせを意識しました。

流木の枝と葉が絡むように配置している

手順⑤ アイテムをセットして仕上げる

細めの枝を置いて
自然環境を演出

❶細めの枝をセットする

　ここからはさらに完成度を高めるための作業です。観葉植物の前に細めの枝を設置します。

➡完成したビバリウムは28ページ

折れた枝が落下して
地面に刺さっている
様子を再現

太めの枝も追加

❶太めの枝をセットして仕上げる

　太めの枝をセットします。全体のバランスとアイテムの安定性を確認し、必要に応じて調整したら完成です。

シンプルなビバリウムの仕上げ方

■扉を閉める際に生体を挟まないように注意する

　ビバリウム制作でもっとも重視したいのは生体が安全に暮らせることです。ここで紹介しているのはコンパクトなビバリウムで崩壊の心配は少ないものの、それでも生体を入れる前に、セットしたアイテムがしっかりと固定されていることを確認します。

　また、生体を入れる際には脱走や扉を閉める際に生体を挟まないように気をつけます。

　もう一つ、意識したい点として、ビバリウムは一度制作したら、それで終わりではありません。物足りなさを感じるようであれば、後日、植物や枝を追加するのもよいでしょう。

メンテナンスと飼育のポイント

【メンテナンスのポイント】
■衛生面のメンテナンス
　このヘリスジヒルヤモリのビバリウムを本書の第2章以降で紹介しているジャンルにわけると、「森林に棲む仲間のビバリウム」になります。メンテナンスについては排泄物をピンセットでつまんで処理するなど、森林のビバリウムのメンテナンス（51ページ）と共通です。

【飼育のポイント】
■生体の水分補給と湿度の管理
　飼育のポイントも森林のビバリウム（51ページ）と共通です。
　なお、ここでは水入れを設置していますが、生体の水分補給とケージ内の湿度を保つために1日1～2回を目安に霧吹きをします。

さまざまなアイテムを使用して 工夫を凝らした、こだわりのビバリウム

ここでは工夫を凝らしたヤドクガエルのビバリウムを紹介します。
難易度は高めなのでビバリウム制作に慣れたら挑戦しましょう。

正面

Close Up

流木と観葉植物、コケなどでヤドクガエルが棲むジャングルの雰囲気を再現

違和感なくレイアウトしてある市販のヤドクガエルの産卵用フィルムケース

同様の環境で 飼育できる他の仲間

● ニホンアマガエル

※その他の小型のカエルなど

■ 自然環境を切り抜くことを意識

　本書で制作の手順とともに掲載しているなかでは、もっとも手の込んだビバリウムです。流木に複数種の観葉植物とコケ、それに市販のヤドクガエルの産卵用フィルムケースと使用したレイアウト用アイテムが多く、バックパネルも自作です。「ヤドクガエルが生息する自然環境を切り抜く」というイメージで制作しました。

どのように仕上げるかは自分次第

　ヤドクガエルは愛好家が多く、人気の種です。凝ったヤドクガエルのビバリウムを目にする機会も多く、一般的にはそのビバリウム制作は「敷居が高い」とされています。ただし、それは飼育者のこだわり次第でもあります。本書では44ページで、より取り組みやすいヤドクガエルのビバリウムを紹介しています。

ポイント

■ 観葉植物とコケを豊富に使用

ヤドクガエルが生息している熱帯雨林を意識して観葉植物とコケを豊富に使用しています。なお、コケはバックパネルの上部などにもセットし、全体的にバランスよく配置しています。

■ 傾斜がついたバックパネルを自作

バックパネルは自然環境でよく見られるように下にいくほど広がるように傾斜をつけています。

バックパネルは山の断面のように下にいくほど広くなっている

工夫を凝らしたビバリウムのポイント

■ 赤系で彩りを添える

観葉植物は緑の葉が多いものの、なかには赤系の葉のものもあります。そのようなものはよいアクセントになります。ただし、ケージ内の色数が多いと統一感がなくなってしまうことがあるので、全体のバランスを考えてレイアウトすることが重要です。

■ あえて汚れたものを使う

このヤドクガエルのビバリウムで使用している流木の一つは、以前、熱帯魚の水槽で使用していたものです。付着している乾燥した藻は、そのときの名残りです。この藻が美しく、ビバリウムの完成度を高めています。

プラモデルの世界にはウェザリングといって、あえて汚し塗装をしたり、ダメージ表現をすることで現実味を与えるテクニックがありますが、ビバリウムでも、あえて汚すことで美しく仕上がることもあります。

ヤドクガエルを知る

キオビヤドクガエル

■国内で流通している生体に毒はない

「ヤドクガエル」は一つの種の名前ではなく、ヤドクガエル科に属するカエルの総称です。中南米に分布し、熱帯雨林などに生息しています。

現地の自然環境下で生息している生体には毒があり、名前は現地の先住民が吹き矢の先にその強力な毒液を塗って狩りをしていたことに由来するとされています。ただし、ヤドクガエルの毒はシロアリなどの毒をもつ生物を食べて生成されるものです。市場に流通している生体は毒がないエサを食べているため毒性はありません。

【生物データ】

- ●種属／両性類、ヤドクガエル科ヤドクガエル
- ●全長／約2.5〜6cm
- ●寿命／10年ほどとされている
- ●食性／動物食（アリなどの昆虫を好む）
- ●外見の特徴／派手なカラーリングで種によってメタリックな光沢があるものもいる

- ●飼育のポイント／熱帯雨林などに生息しているので、とくに寒い時期の温度に気をつける。その一方で、あまりに高温な環境も苦手で、1年を通して26〜28度ぐらいに保つのが理想。また、湿度については多湿を好むので霧吹きなどで一定に保つ。食事はコオロギなどの生きた昆虫で、ヤドクガエルは体が小さいことから、食事となる昆虫も体のサイズが小さい幼体を与えるのが基本。

準　備

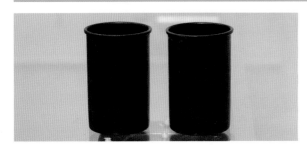

■産卵用のフィルムケースを使用

自然環境下のヤドクガエルはブロメリアのような植物の葉の隙間に溜まった水を繁殖に利用することがあります。その環境を再現するためにヤドクガエルの産卵用のフィルムケースが市販されていて、ここではそれを使用しています。

【ケージ等】
ケージ▶サイズ幅約30.0cm×奥行約30.0cm×高さ約45.0cm／ガラス製
ライト等▶可視光線ライト

【レイアウト用アイテム】
床材▶軽石／赤玉土
骨格▶流木（複数：細くて小さいものも使用）
植物▶観葉植物（複数種）／コケ（複数種）
その他▶フローラルフォーラム（バックパネルのベースとして使用）／ゼオライト配合の造形材（バックパネルの表面や植物の固定に使用）

【飼育用アイテム】
水入れ▶爬虫類用の小型の水入れ
シェルター▶産卵用のフィルムケース

工夫を凝らしたビバリウムの準備

■いろいろな種類の植物を用意する

地球の自然は豊かで、植物も爬虫類や両生類と同様にとても多くの種が存在しています。身近な自然でもよく観察すると、じつに多くの植物があることに気がつくでしょう。

基本的にビバリウムは自然環境を再現することを目指すので、植物の種を豊富に使用すると完成度が高くなることもあります（ただし、全体のバランスを考慮する必要があります）。ここでは観葉植物だけではなく、コケも複数種用意しました。

ここではコケは4種類を用意した

手順❶ 床材を敷く

❶軽石を敷く

ケージを置いて仕上がりをイメージしたら軽石を底に敷きます。

Check!

作業環境を整える

状況にもよりますが、実際の作業に取りかかる前に、ケージの扉をはずしたり、可視光線ライトを設置して点灯させると、作業がスムーズに進められます。

扉をははずせるタイプのケージなら、はずしてから作業する

可視光線ライトを設置する予定なら、先に設置する

フローラルフォームは必要に応じてカッターでカットして大きさやかたちを整える

❷フローラルフォームをセットする

このビバリウムはバックパネルを自作します。まずはそのベースとなるフローラルフォームをセット。

ここでは高さの調整のため、下のフローラルフォームは横に寝かせてセットした

❸フローラルフォームを確認する

セットしたフローラルフォームの高さなどを確認します。

❹赤玉土を敷く

美観とケージ内の湿度の維持のため、軽石の上に赤玉土を敷きます。

適宜、霧吹きを使う

ビバリウム制作では霧吹きを適宜使用すると、よりスムーズに作業が進められることがあります。ここでは赤玉土を敷いたあとにフローラルフォームと赤玉土に霧を吹きました。水分を含むとフローラルフォームは安定して仮留めされ、赤玉土はホコリが舞いにくくなります。

ここでは事前に流木の高さも確認した

❶仕上がりをイメージする

バックパネルに使用する造形材は一度、乾燥するとやり直せないので、流木を仮に置いて事前に仕上がりをイメージします。

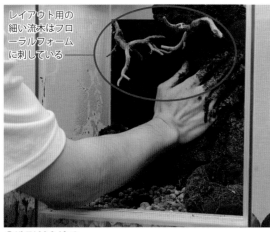

レイアウト用の細い流木はフローラルフォームに刺している

❷造形材を塗る

造形材をフローラルフォームに塗ります。フローラルフォームを固定するように周りにも塗ります。

造形材はケージの側面にも塗る

上部にコケをセット

❸バックパネルの仕上がりを確認する

造形材を塗る作業が終わったら、バックパネルの仕上がりを確認します。

工夫を凝らしたビバリウムのバックパネル

■市販のものもある

バックパネルはビバリウムの仕上がりを左右する大きな要素です。ここでは自然環境のイメージにより近づくように自作しました。この自作のバックパネルはアイテムを刺して固定できるというメリットもあります。

なお、ビバリウムに使用できるバックパネルはいろいろなタイプが市販されているので、それを使用するのも選択肢の一つです。

岩壁を彷彿とさせる市販のバックパネル

古代の壁画をモチーフにしたものもある

手順❸▶骨格を作る

❶流木をセットする

このビバリウムの骨格となる大きな流木をセットします。

骨格となる流木は色の違う複数を使用

❷骨格の仕上がりを確認する

大きな流木のセットが終わったら、流木がその角度でよいかなど、仕上がりを確認します。

手順❹▶レイアウト用アイテムをセットする

この植物は鉢から出してセット

❶観葉植物をセットする

骨格ができたところでレイアウト用アイテムのセットに取りかかります。まずは観葉植物から。

フィルムケースをセット

❷フィルムケースをセットする

産卵用のフィルムケースを造形材に埋め込んでセットします。

この植物は鉢ごとセットして造形材でその鉢を隠している

❸造形材を塗る

必要に応じてセットした植物の根の周辺などに造形材を塗っていきます。

❹アイテムをセットした仕上がりを確認する

ひと通り、アイテムをセットしたら、全体のバランスを確認します。

手前のコーナー付近に
水入れをセット

❶水入れをセットする

　ヤドクガエルのビバリウムには水入れが必要なので、水入れをセットします。

ヤドクガエルは
小さいので脱走
にも気をつける

❸生体を入れる

　完成したら扉をはめて、生体をケージの中に入れます。扉を閉めるときに生体を挟まないように要注意。

➡生体を入れて扉を閉める前の完成したビバリウムは34ページ

❷バックパネルにコケを追加する

　バックパネルの何もない空間が気になったので、そこにもコケを追加しました。これで完成です。

Check!

引き算も行う

　仕上げでは少し引いてケージ内の全体のバランスを確認します。一度、セットしたものでも蛇足と判断したら、取り除きます。

植物の根元にコケをセットするか迷ったが、バランスを考慮してセットしなかった

工夫を凝らしたビバリウムの仕上げ

■見た目と観察のしやすさのバランスが重要

　工夫を凝らしたビバリウムで気をつけたいのが、アイテムが多いために生体を観察しにくくなることです。普段、観察することが多い位置から見たときに、陰になる部分が多すぎると生体の健康状態を確認しにくくなります。見た目の美しさと生体の観察のしやすさのバランスを考慮してビバリウムを仕上げましょう。

おしゃれなバックパネルがよく見えるように、あまりアイテムを配置しないビバリウムもある

メンテナンスと飼育のポイント

【メンテナンスのポイント】
■植物のメンテナンス
　基本的なメンテナンスは「森林に棲む仲間のビバリウム」のメンテナンス（51ページ）と共通です。植物を多く使用しているため、枯れてしまった植物の交換など、とくに植物のメンテナンスを意識します。

【飼育のポイント】
■生体の水分補給と湿度の管理
　飼育のポイントも森林のビバリウム（51ページ）と共通です。なお、ここでは水入れを設置していますが、生体の水分補給とケージ内の湿度を保つために1日1〜2回を目安に霧吹きをします。

第2章

森林に棲む仲間の
ビバリウム

本章で紹介するのは1日の多くを樹木の上で生活する、
いわゆる樹上性や半樹上性の種のビバリウムです。
対象となるのはカエルやヤモリの仲間などで、
もっとも人気が高く、作り甲斐のあるジャンルです。
生体が立体的な活動をできることを意識して制作しましょう。

立体的な活動ができることを意識して緑豊かに美しく仕上げる

森林はポピュラーなビバリウムのモチーフです。
実際の制作に取りかかる前にまずはポイントを理解しておきましょう。

■森林のビバリウムはもっともポピュラーで作りがいがある

　本書では対象の生物が自然界で生息している環境ごとに章をわけてビバリウムを紹介しています。なかでも本章の森林は、もっともポピュラーで、とくに制作や観賞の楽しみを体感できるカテゴリーです。

　森林のビバリウムは基本的には自然環境を再現するために植物をレイアウトします。葉の緑が映え、見た目がとても美しく仕上がります。

　制作時のポイントは立体感を意識することで、生物が水平方向だけではなく、上下の垂直方向にも動けるように制作します。

自然環境とそれを表現するポイント

森林のビバリウムのモチーフとなる自然環境の一例。青々とした木々が茂っている

自然の森林にはつる性の植物も多い。これもビバリウム制作のヒントになる

自動で霧を吹いてくれるミスティングシステム

■イメージはジャングル

本章ではヤドクガエルなどのカエルの仲間やジャイアントゲッコーなどのヤモリの仲間などのビバリウムを紹介していますが、共通しているのは、生息している森林は葉が青々と茂るタイプということです。

南アメリカの「アマゾン」、あるいは「ジャングル」という言葉で表現されるような自然環境のイメージです。

そのような森林の植物は、色彩が濃い色をしたものが多いのが特徴です。それを表現するためにビバリウムでは人工植物を利用することもあります。

気候については基本的には高温多湿の環境です。

ビバリウムで飼育する際の温度については、とくに寒い時期にはケージ内の温度が低くならないように注意しましょう。一方、湿度については定期的に霧吹きやミスティングシステムなどを利用して乾燥に気をつけます。

森林に棲む仲間の特徴と飼育環境のポイント

ブロメリアはヤドクガエルのビバリウムによく合い、実際に用いている愛好家は多い

■生物の体の構造や生態に合わせる

本章で紹介しているビバリウムは主として樹上性や半樹上性の生物です。

樹上性とは普段の暮らしのほとんどを樹木の上ですごす性質、半樹上性とは樹木の上と陸上の半分ぐらいの割合ですごす性質のことです。そのような生物は樹木に上りやすい体の構造をしています。たとえばカメレオンの仲間の多くは枝をつかみやすい手のかたちをしていて、鋭い爪が生えています。このような生物を飼育するビバリウムは自然環境と同様に登れるものをセットするのが基本です。生きた樹木は適したサイズのものを用意するのが難しく、管理も大変なため、流木やコルク樹皮などを使うのが一般的です。

また、自然環境下での生態がビバリウムの内容に関係することがあります。たとえばヤドクガエルは植物の葉の間に溜まった、わずかな水場を繁殖に利用することもあるため、水が溜まる形状をしている観葉植物のブロメリアがよく合います。

植物のブロメリアをレイアウトして
アマゾンのジャングルを再現

ここではブロメリアを使用したヤドクガエルのビバリウムの制作を通して
森林のビバリウムのポイントを紹介します。

正面

Close Up

ブロメリアはよくヤドクガエルのビバリウム
に使用される

コケは複数種を使用すると観賞価値が高くな
る

**同様の環境で
飼育できる他の仲間**

● ニホンアマガエル
※その他の小型のカエルなど

■ブロメリアを豊富に使用

　34ページで紹介しているヤドクガエルのビバリウムにく
らべると、こちらは作りやすい、難易度が低めのタイプです。
「これからヤドクガエルのビバリウムを制作しよう」という
入門者にはこちらのほうが取り組みやすいでしょう。

　このビバリウムの大きな特徴の一つは観葉植物のブロメリ
アを豊富に使用していることです。

MEMO

いろいろなビバリウムがある

　ヤドクガエルはビバリウムで飼育されることが
多い生物の一つです。生体のサイズが小さく、
ケージ内で趣向を凝らす余地が大きいこともあ
り、いろいろなタイプのビバリウムがあります。

ポイント

■ ブロメリアをバランスよく配置

ブロメリアは植物のブロメリア科に属する種の総称で、一般的には中南米が原産のブロメリア科の観賞用植物を指します。同じ中南米が原産ということもあり、ブロメリアはヤドクガエルによく合います。ブロメリアを使用する際のポイントはケージ内で偏ることがないようにバランスよく配置することです。

■ アクセントとして赤い葉を使用

ビバリウムは色味も大切な要素です。ここではブロメリアの赤い葉がよいアクセントになっています。

■ コケで多湿地帯の雰囲気を演出

コケはヤドクガエルが生息する多湿な気候の雰囲気を演出してくれます。

森林のビバリウムのポイント

■ スペースを活用する

森林のビバリウムは高さがあるケージを使うことが多く、アイテムをセットするスペースが大きいものです。さびしいところがないように全体のバランスに気を配りましょう。

■ 柔軟な発想で取り組む

スペースが大きいということは、いろいろな工夫をできるということでもあります。柔軟な発想で取り組むこともビバリウムの完成度を高める大切な要素です。

■ 安定性を確認する

とくに高く積み上げたものは崩壊しないように注意が必要です。ビバリウムが完成したら、大切な生体を入れる前にしっかりと安定性を確認します。

ケージ内の上部にも植物を配置して森林を再現したビバリウム
➡写真のビバリウムは60ページ

ポピュラーな流木ではなく、人工ツタを骨格としてもよい
➡写真のビバリウムは72ページ

接着剤を使用した場合は完全に乾燥するのを待つ
➡詳しくは62ページ

ヤドクガエルを知る

■もっともポピュラーなビバリウムの対象の一つ

　ビバリウムの対象として飼育されている種のなかで、ヤドクガエルはポピュラーな種の一つです。

　大きな魅力は体色の美しさ。ヤドクガエルのようにメタリックなカラーの生物は多くなく、カラーバリエーションも豊富です。

　また、2.5〜6cmという小さいサイズも特徴で、比較的、小さいケージでも飼育することができます。

　熱帯雨林などに生息しているので、そのイメージに合ったビバリウムを制作しましょう。

➡ヤドクガエルの生物データは34ページ

森林のビバリウムの対象

■樹上性や半樹上性の生物のためのビバリウム

　本章では樹木が生えているところに生息する樹上性、あるいは半樹上性の生物のビバリウムを紹介します。大きくはカエルの仲間、ヤモリの仲間、それらに属さないカメレオンとヘビの仲間にわけられます。

本章で掲載している種

【カエルの仲間】

アカメアマガエル
熱帯雨林に棲むカエルの仲間で、赤い目が印象的。
➡詳しくは52ページ

イエアメガエル
ぱっちりとした目がかわいいカエルの仲間です。
➡詳しくは56ページ

【ヤモリの仲間】

ジャイアントゲッコー
ヤモリの仲間としては大型で、大きいものは全長40cmにもなります。
➡詳しくは64ページ

エボシカメレオン
カメレオンのなかでもとくに人気が高い種。
➡詳しくは72ページ

アオダイショウ
本書では白いアルビノが対象の作例を掲載。
➡詳しくは76ページ

クレステッドゲッコー
頭の王冠のような突起が特徴。
➡詳しくは60ページ

ボルネオキャットゲッコー
尾を上げて歩く様が猫に似ています。
➡詳しくは68ページ

準 備

緑の葉だけでなく、赤い葉のブロメリアも用意

　種にもよりますが、基本的に森林に棲む仲間のビバリウムでは緑豊かな植物をセットすると美しく仕上がります。また、ここではブロメリアは赤い葉のものも用意しました。

上の写真は用意した植物を並べたもので、実際はここから一部を選んで制作

【ケージ等】

ケージ▶サイズ幅約30.0㎝×奥行約30.0㎝×高さ約45.0㎝／ガラス製

ライト等▶可視光線ライト

【レイアウト用アイテム】

床材▶軽石／赤玉土

骨格▶流木

植物▶観葉植物（中心はブロメリアでつる性の植物も使用）／コケ（4種）

その他▶フローラルフォーム（バックパネルのベースとして使用）／ゼオライト配合の造形材（バックパネルの表面や植物の固定に使用）

【飼育用アイテム】

水入れ▶爬虫類用の小型の水入れ

森林のビバリウムのレイアウト用アイテム

■ 用意するアイテムで完成度が決まる

　森林に棲む仲間のビバリウムは、生物が木登りなどの立体的な活動ができるように高さがあるケージを選ぶのが一般的です。スペースが大きいことから、いろいろな工夫をすることができ、手の込んだビバリウムで飼育している愛好家もたくさんいます。まずは自分のイメージにあったアイテムを準備することが完成度の高いビバリウムへの第一歩です。

【ケージ】

　一般的には高さがあるケージを使用します。選択肢の幅は広く、エボシカメレオン（72ページ）では天面や壁面がメッシュのものを使用しています。

【床材】

　いろいろな床材を選べるのも森林に棲む仲間のビバリウムの特徴の一つです。メンテナンスのしやすさを考慮して、ペットシーツを使うのも選択肢の1つです。

【植物】

　レイアウト用のアイテムのなかで、とくに意識したいのは植物です。よく使用されるポトスはつる性でイメージに応じて配置しやすいというメリットがあります。

バックパネルがおしゃれなものも市販されている

➡写真のビバリウムは76ページ

とくに完全に樹上で暮らす生物にはペットシーツを使う愛好家が多い

➡写真のビバリウムは72ページ

ポトスは「育てやすい」「入手しやすい」というメリットもある

➡写真のビバリウムは52ページ

手　順

手順① 仕上がりをイメージする

流木の高さを確認しているところ。イメージを固めるために実際にアイテムを置くのも有効

❶事前に仕上がりをイメージする

実際の作業に取りかかる前に、これから制作するビバリウムの仕上がりをイメージします。

Check!

ライトを点灯する

可視光線ライトを設置する場合、取り付ける順番は問いません。作業の邪魔にならなければ、先に設置してもよく、点灯すると手元が見えやすくなるというメリットがあります。

手順② 床材を敷き、バックパネルをセットする

軽石の上に赤玉土をセット。底の軽石は排水をよくするため、赤玉土は美観と湿度の維持のため

❶床材を敷き、パネルをセット

軽石を敷き、フローラルフォームを背面にセットします。

造形材はフローラルフォームの固定と見た目をよくするために使用

❷造形材をパネルに塗る

造形材をバックパネルのフローラルフォームの上に塗ります。

造形材の厚さは任意でOK。ただし、あまり厚いとレイアウトスペースが小さくなる

❸造形材の乾燥を待つ

造形材を塗り終わったら完全に乾燥するのを待ちます。

森林のビバリウムのベース作り

■排水を考慮する

森林のビバリウムの床材は、飼育する種やビバリウムのタイプによって異なります。ここでは排水をよくするために軽石を使用しましたが、状況によっては軽石は敷かなくてもよく、ペットシーツでもOKです。

また、生体の水分補給や湿度の維持のために霧吹きを多く使用する場合、排水のための仕組みを考慮する必要があります。

ここで使用したケージは底に傾斜がついていて前面に排水口があるタイプ

排水機構がない場合はゴムパイプなどを設置しておくと排水がしやすくなる

➡詳しくは26ページ

❶流木をセットする

　このビバリウムの骨格となる、大きな流木をセットします。

Check!

しっかりと固定する

　作業のしやすさを考慮して、ここでは大きな流木をケージ内に配置する前に枝に観葉植物をセットしました。なお、観葉植物や流木は「造形材を利用する」「フローラルフォームに刺す」などでしっかりと固定します。

ここでは造形材を使って固定した

森林のビバリウムの骨格作り

■流木などの天然由来のもの以外に人工のものもある

　森林のビバリウムは立体的に制作することが多く、その場合は基本的には骨格となるアイテムを使用します。手順としては、骨格のあとに植物やシェルターなどのアイテムをセットするとスムーズに作業が進みます。骨格は流木などの天然由来のもの以外に人工ツタなどの人工のものを使用してもよいでしょう。

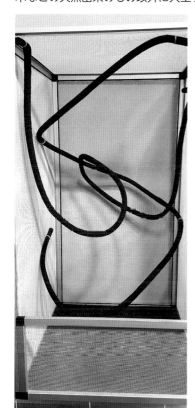

人工ツタで樹木の枝を再現した
➡詳しくは72ページ

骨格はかたちのよいものを選ぶ
➡詳しくは52ページ

骨格としてコルクチューブを使用
➡詳しくは64ページ

Check!

大きな植物も骨格

　流木などの葉のついていないものだけではなく、そのビバリウムの仕上がりを左右するような大きな植物も骨格と考えます。いずれにせよ、ビバリウム制作では大きいものから小さいものへと進めていきます。

大きな植物も骨格と考える
➡詳しくは68ページ

状況に応じてコケは流木の枝にもセットする

❶コケをセットする

　流木の根本付近を中心にバランスよくコケをセットします。

❷つる性の植物をセットする

　ヤドクガエルが生息する自然環境を演出するためにバックパネルにつる性の植物をセットします。

森林のビバリウムの植物などの配置

■ 想像力＆創造力を働かせる

　森林のビバリウムは森林を再現するために基本的には植物をレイアウトします。植物は人工のものでもよく、人工植物にはセットしやすいというメリットもあります。また、生きた植物以外にも樹木の枝などもよいレイアウト用のアイテムになることがあります。自分の想像力＆創造力を働かせてビバリウム制作を楽しみましょう。

樹木の枝を立ててセットした例

➡写真のビバリウムは68ページ

炭化コルクボードを足場として使用

➡写真のビバリウムは52ページ

❶水入れをセットして仕上げる

　水入れをセットしたら全体のバランスなどを確認します。必要に応じて調整したら完成です。

➡完成したビバリウムは44ページ

Check!

色のバランスも考慮する

　ビバリウムは全体の色のバランスも大切な要素です。たとえば赤い葉の植物をセットすると印象が大きくかわることもあります。

ここでは赤いブロメリアは最後の調整段階でセットした

【メンテナンスのポイント】

■底に溜まった水の排水

森林のビバリウムは霧吹きを使用することが多く、ケージの底に水が溜まりやすい傾向があります。水が底に溜まったままだと不衛生なので、定期的に水抜きを行います。

■排泄物の処理

排泄物を見つけたら、ピンセットで拾うなどして、すみやかに処理します。排泄物は臭いの原因になる他、生体に悪い影響を与える細菌やウイルスなどが含まれていることがあります。

■床材の交換

ウッドチップなどの天然由来の床材は1カ月を目安に丸ごと交換するのが基本です。

■植物の管理

枯れている葉や伸びて姿が乱れている植物はカットして整えます。

■ケージのメンテナンス

森林のビバリウムは高さがあるケージを使うことが多く、そのようなケージのガラスは汚れが目立ってしまいます。汚れていたら掃除をするのが基本ですし、曜日を決めて掃除をするのもよいでしょう。方法としてはガラスを傷つける心配がないメラニンスポンジや柔らかい布などを使い、汚れを拭き取ります。洗剤は重曹などの生体が間違って舐めても問題がないものを使用します。

【飼育のポイント】

■生体の水分補給と湿度の管理

カメレオンの仲間は自然環境下では葉の水滴を舐めて水分補給をするといわれています。他の森林に棲む仲間も同様の水分補給をすることが多いことから、一般的には1日1〜2回、ケージ内に全体的に霧吹きをします。この霧吹きはケージ内の湿度を一定に保つのにも役立ちます。

■食事の管理

森林のビバリウムの対象となる種は多く、食事の内容や給餌の方法は種によって異なります。本章で紹介している種がメインとする食事の内容で多いのはコオロギなどをはじめとする小さい昆虫です。状況によりますが、ピンセットで与えるとしっかりと食事を管理することができ、生体とコミュニケーションをとることができます。ただし、ヤドクガエルの場合はコオロギのサイズが極めて小さいのでピンセットで与えることができません。エサ入れに入れて与えるとコオロギが四方に散らばることを避けられます。

Check!

水入れの設置

本章では樹上性（または半樹上性）のカエルの仲間のビバリウムも紹介しています。樹上性のカエルの仲間は自然環境下ではある程度、水場から離れて生活することができるとはいえ、ビバリウムでは水入れを設置するのが基本です。

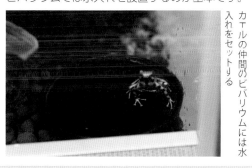

カエルの仲間のビバリウムには水入れをセットする

コオロギが小さい場合はエサ入れを利用するとよい

炭化コルクボードを活用して立体的で植物のバランスがよい仕上がりを実現

樹上性の生物は立体的なビバリウムに仕上げるのが基本。
炭化コルクボードを使うと、見た目に美しく、生態に適した環境を制作できます。

正面

Close Up

バックパネルに使用した炭化コルクボードの一部をケージの側面にセットしている

観葉植物（ポトス）の成長を見越して、コケは場所を限定して配置

■炭化コルクボードでカエルの足場を制作

　いろいろなアイテムを活用して、工夫を凝らした点が多いビバリウムです。大きなポイントの一つは炭化コルクボードという木製の板を使用していること。炭化コルクボードをバックパネルに使用することにより、U字クギでつる性の植物を固定することができました。また、炭化コルクボードの一部をケージの側面にセットし、カエルの足場としています。

同様の環境で飼育できる他の仲間
- ●ニホンアマガエル
- ●シュレーゲルアオガエル
- ※その他の樹上性のカエルの仲間
- ●グランディスヒルヤモリ
- ※その他の大型のヤモリの仲間など

ポイント

■つる性の植物を背景としてセット

ケージ内にグリーンをバランスよく配置するために、つる性の植物であるポトスを背景にセットしています。固定するための道具としてU字クギを使用しています。

■いろいろなアイテムを使用

バックパネルに炭化コルクボード、骨格にはコルクブランチ（コルクの枝）など、自然環境の演出に役立つ、いろいろなアイテムを使用しています。とくに炭化コルクボードは「発泡スチロールより少し硬い」という質感で、加工がしやすいのが特徴の一つです。工夫次第でさまざまな使い方ができます。

バックパネルにU字クギを刺して植物を固定している

炭化コルクボードは道具を使わずに手で大きさを調整可能

アカメアマガエルを知る

アカメアマガエルのワイルド（野生個体）

■赤い目が印象的な中南米のカエル

アカメアマガエルはコスタリカやメキシコなどの中南米の熱帯雨林に生息しています。

夜行性で自然環境下では日中は葉に止まって休んでいます。また、樹上性でカエルの仲間としては乾燥に強く、水場から離れて生活することができます。このような特徴を考慮してビバリウムでは植物をセットするとよいでしょう。

性格については一般的には大人しくて臆病であるとされています。

【生物データ】
- ●種属／両性類 アマガエル科 アカメアマガエル属
- ●全長／約3〜7cm
- ●寿命／5〜7年ほどとされている
- ●食性／動物食（コオロギなどの昆虫類や小型の節足動物が中心）
- ●外見の特徴／体色は鮮やかな緑。大きな目は赤く、縦長になる黒目がかわいらしい

- ●飼育のポイント／自然環境下では熱帯雨林や湿気の多い低地の川や池の近くに生息している。そのため高温多湿の環境が適していて、ケージ内の温度は1年を通して日中は24〜29度、夜間は19〜25度ぐらいが目安となる。また湿度については1日2回、朝晩の霧吹きが基本となる。

食事は基本的に生きたコオロギがベースとなる。

準 備

ポトスを活用する

　ポトスはつる性なので、アレンジしやすい観葉植物です。丈夫なこともあり、ビバリウムでよく使用されます。セットする際には状況に応じてカットして葉の数や大きさを整えます。

【ケージ等】
ケージ▶サイズ幅約31.5cm×奥行約31.5cm×高さ約47.5cm／ガラス製
ライト等▲可視光線ライト

【レイアウト用アイテム】
床材▶軽石／赤玉土／ウッドチップ
骨格▶コルクブランチ
植物▶観葉植物（ポトス）／コケ（ハイゴケ）／水ゴケ（観葉植物の水分補給用に根に巻いて使用）
その他▶炭化コルクボード（バックパネルなどに使用）／ゴムパイプ（排水用）

【飼育用アイテム】
水入れ▶爬虫類用の水入れ

【作業用アイテム】
固定用▶シリコンシーラント（耐水性に優れた樹脂でできた接着剤）／U字クギ（U字型のクギ／観葉植物の固定に使用）

手 順

手順❶ 仕上がりをイメージする

❶軽石を敷き、骨格を決める
　軽石を敷き、その上にコルクブランチを置いて仕上がりをイメージします。

NG 先入観で作業の順番を決めない

　ビバリウムは基本的には「床材→流木などの骨格→植物などのアイテム」という順でセットするとスムーズに制作できます。ただ、このビバリウムのように先に骨格を作ると、あとから作業がしにくくなることもあります。仕上がりをイメージして、順番も考えてから作業に取りかかりましょう。また、状況に応じて臨機応変に対応することも大切です。

ここでは制作前はコルクブランチを2本使用する予定だったが、見た目のバランスの問題で1本にした。

手順❷ バックパネルと骨格をセットする

コルクボードをバックパネルとして使用

❶ボードの裏に接着材を塗る
　炭化コルクボードの裏に接着材のシリコンシーラントを塗ります。

コルクボードは手で押して凹凸をつけ、一部は重ねるとおしゃれに仕上がる

❷ボードをケージにセットする
　炭化コルクボードをケージの背面にセットします。

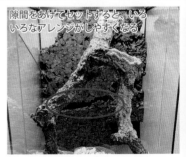

隙間をあげてセットすると、いろいろなアレンジがしやすくなる

❸コルクブランチをセットする
　骨格となるコルクブランチをセットします。

手順③ 植物や水入れなどをセットする

植物は軽石をどかしたところに鉢から出してセットする

赤玉土の厚さは3cmぐらい

❶赤玉土を敷く
　観葉植物とゴムパイプをセットし、赤玉土を敷きます。

水入れは手前側にセットすると水の交換がしやすい

❷水入れをセットする
　カエルの仲間には水入れが必須です。水入れをセットします。

Check!

排水用のパイプをセット

　湿度の管理や水やりのために霧吹きを使用するとケージの底に水が溜まります。ビバリウム作りの段階でケージに排水用の施設をセットしておくとメンテナンスがしやすくなります。

水を抜くときはサイフォンの原理を利用する

手順④ 背景の植物をセットして仕上げる

U字クギをバックパネルに刺して固定

❶背景の植物をセットする
　U字クギを使い、バックパネルに観葉植物をセットします。

コルクボードはいろいろな活用ができる。ここでは見た目を美しくするのと同時にカエルの足場となるように、一部を側面にセットした

接着剤にはシリコンシーラントを使用

❷コルクボードの一部をセットする
　炭化コルクボードの一部をケージの側面に接着剤でセットします。

➡完成したビバリウムは52ページ

Check!

植物の根に水コケ

　背景の観葉植物は植物の水切れ対策として湿らせた水ゴケで根を覆ってからセットしています。また、セットする際にはバックパネルとバックパネルの隙間にはめ込みました。

メンテナンスと飼育のポイント

【メンテナンスのポイント】
■植物のメンテナンス
　観葉植物が伸びたら、状況に応じてカットします。

【飼育のポイント】
■生体の水分補給の管理
　水入れは毎日交換し、湿度を保つために1日2回(朝晩)を目安に霧吹きをします。

小さい生体は小さめのケージを使い、コケ玉を活用しておしゃれに仕上げる

成長過程の小さい生体は小さめの飼育環境がおすすめです。
流木などのとまれるところは必須で、おしゃれにアレンジしましょう。

正面

Close Up

樹上で生活する生物なので、流木は必須といえる

底面にコケを敷くと見た目の美しさがグッと増す

同様の環境で飼育できる他の仲間

● ニホンアマガエル
● グラスフロッグ
※その他の小型のカエルの仲間など

■見た目の美しさをアップするためにグリーンを配置する

　カエルの仲間は、成長過程にある小さいサイズのときは小さめの飼育環境で飼育し、成長に応じて大きなケージへと移行するとよいでしょう。というのも、一般的にカエルの仲間の食事は生きたコオロギがよいとされていて、スペースが狭いほうが、そのコオロギを捕食しやすく、結果として順調に成長しやすいからです。ここでは横幅が40cm以下のハムスターなどの小動物にも使用されるケージを使用しています。また、観葉植物やコケ玉などのグリーンを使用すると、見た目が美しい、おしゃれなビバリウムに仕上がります。

ポイント

■緑の葉で美しく

イエアマガエルは半樹上性で樹上と地表、どちらでも生活します。その性質を考慮して観葉植物をセットします。なお、このような植物はビバリウムとしての美しさを高めることにも役立ちます。ここでは光沢のある緑の葉がきれいで、性質の面でも強いポトスを選んでいます。

■水入れにもこだわる

カエルの仲間は水をお腹から吸収するため、水入れは不可欠です。制作するビバリウムの雰囲気に合ったものを選びましょう。

■観葉植物の根をコケ玉で包む

観葉植物の根本をコケ玉で包んでいるのがポイントの一つです。こうすることで見た目のおしゃれ度がアップするだけではなく、観葉植物の位置が高くなり、ケージ内のバランスがよくなります。

イエアメガエルを知る

模様はスノーフレークのベビー（幼体）

■長寿で大きいカエルの仲間

イエアメガエルはオーストラリア北東部やニューギニア島の南部に生息しています。国内でよく見かけるニホンアマガエルと同じアマガエル属ですが、こちらのほうがより大きく成長します。また、長寿のカエルであることも広く知られていて、平均で15年ぐらい、長生きだと20年ぐらい生きる個体もいます。

食欲旺盛で人を怖がらない個体が多く、飼育しやすい両生類です。

【生物データ】
- ●種属／両生類、アマガエル科ノメガエル属
- ●全長／約7〜12cm
- ●寿命／15年ほどとされている
- ●食性／動物食（コオロギなどの昆虫類やミミズなどの小型の動物が中心）
- ●外見の特徴／いかにもカエルらしい見た目で、目が大きくてかわいらしい

- ●飼育のポイント／自然環境下では雨季と乾季のある草原や森林等に生息しているが、基本的には湿度が高い場所を好み、乾燥には弱い傾向がある。ケージ内の温度は日中は25度ぐらい、夜間は18〜20度ぐらいがよい。

　食事は基本的に生きたコオロギ、あるいは冷凍コオロギがベースとなる。

準 備

内装用テグスを使う

観葉植物の根本付近をおしゃれに仕上げるために水ゴケのコケ玉を作成。そのために内装用テグスを使用しています。なおテグスとは釣り糸、あるいはそのような細い糸のことです。

【ケージ等】
ケージ▶サイズ幅約36.8cm×奥行約22.2cm×高さ約26.2cm／ガラス製

【レイアウト用アイテム】
床材▶赤玉土（大粒）
骨格▶流木
植物▶観葉植物（ポトス／容器としてプラスチック製の植木鉢も用意）／コケ（複数種）／水ゴケ

【飼育用アイテム】
水入れ▶爬虫類用の水入れ

【作業用アイテム】
固定用▶内装用テグス（コケ玉の作成に使用）

手 順

手順①▶骨格を作り、観葉植物の位置を決める

赤玉土の厚さは2～3cmぐらい

❶赤玉土を底全体に敷き詰める

まずはビバリウムのベースとなる部分を整えます。赤玉土を底全体に敷き詰めます。

Check!
適したケージを選ぶ

ここではハムスターなどにも使用されている小型のケージを使用しました。ケージ選びもビバリウムのポイントで、このケージはイエアメガエルのベビーのサイズに適しています。

このビバリウムはシンプルなので上部のフタをはずさないで作業した

❷流木をセットする

続いてビバリウムの骨格となる流木をセットします。全体のバランスを意識して位置を決めます。

Check!

実際に鉢を置くとイメージをつかみやすい

観葉植物の位置を考える

流木をセットしたら、次のステップとなる植物の位置を考えます。必要に応じて流木の位置を調整します。

手順② 観葉植物の根元をコケ玉で包む

観葉植物の根をコケ玉で包むと
よりおしゃれに仕上がる

❶根をほぐす

　観賞植物の根をコケ玉で包みます。まず根をほぐします。

水ゴケがバラバラにならないように
テグスで固定

❷テグスで固定する

　観葉植物の根を水ゴケで包み、内装用テグスで固定します。

❸仕上がりを確認する

　作業が終わったらコケ玉が球形であることを確認します。

手順③ コケをセットして仕上げる

観葉植物は鉢に入れてから
セットする

❶水入れと観葉植物をセットする

　水入れとプラスチック製の鉢に入れた観葉植物をセットします。

➡完成したビバリウムは56ページ

コケを全体に敷き詰める。
ここではより美しく仕上げ
るために複数種を使用

全体的に霧吹きで湿気を
与えてから生体を入れる

❷コケを敷いて全体のバランスを確認する

　赤玉土の上にコケを敷き、全体のバランスを確認して必要に応じて調整したら完成。

メンテナンスと飼育のポイント

【メンテナンスのポイント】
■底に溜まった水の排水
　底（赤玉土を敷いている層）に水が溜まったら、上部のフタをはずし、流木などのレイアウト品を取り出してから、ケージを斜めにして排水します。

【飼育のポイント】
■水やりと湿度の管理
　水入れの水の交換と全体への霧吹きは毎日、行います。また、観葉植物は2〜3日に一度、取り出してたっぷり水を与えます。

メンテナンスがしやすいように 流木を宙に浮かせてセット

流木やコルクチューブを底につけずに宙に浮かせてレイアウトすると、
個性的でメンテナンスの効率がよいビバリウムが完成します。

正面

Close Up

人工植物は主張しすぎないようにバランスよく配置

レイアウト品はすべて宙に浮いた状態でレイアウトしている

同様の環境で 飼育できる他の仲間

● ガーゴイルゲッコー
● トッケイ
※ その他の小型の夜行性ヤモリなど

■ 流木が見えるように人工植物をバランスよく配置する

　流木やコルクチューブ、人工植物というレイアウト品を宙に浮かせてセットした、個性的で美しいビバリウムです。床材としてヤシガラ由来のウッドチップを使用していますが、その床材は1〜2カ月に1回のペースで丸ごと交換します。このビバリウムはレイアウト品を宙に浮かせているので、その作業がしやすいのが特長の一つです。

　また、このビバリウムは流木の枝の流れの美しさがポイントの一つです。その枝ぶりがしっかりと見えるようにアクセントの緑のシダ植物をモチーフにした人工植物は適度に配置しています

ポイント

■ 美しい流木を用意する

こちらは流木の枝ぶりが美しいビバリウムです。また、宙に浮かせてレイアウトをするには、そもそも流木のかたちがそれに適したものである必要があります。そのような流木を見つけるのがビバリウム作成の難しさの一つであり、おもしろいところでもあります。

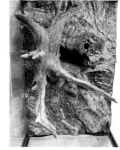

使用している流木は接着材を使用しなくても宙に浮いた状態で仮留めできるかたちだった

■ しっかりと固定する

レイアウトしたものが崩壊しないように作ることはビバリウム制作の基本の一つです。とくに、このビバリウムは各レイアウト用アイテムを宙に浮かせた状態でセットしていることもあり、作業中はもちろん、完成したら各レイアウト用アイテムがしっかりと固定されていて、安定していることを確認します。

接着剤は完全に乾燥するまでしっかりと固定する

クレステッドゲッコーを知る

リリーホワイト（レッド）

■ 人間への警戒心が低く、飼いやすい爬虫類

目の上から背中にかけて突起があり、それが王冠のように見えることから和名はオウカンミカドヤモリといいます。「クレス」の相性で親しまれていて、国内での飼育頭数が多い、人気の高い爬虫類です。

オーストラリアの東部にあるニューカレドニアの固有種で本島南部と周辺の島々に生息します。基本的には樹木の上で生活する樹上性で、主に夜間に活動する夜行性です。人間に対する警戒心は比較的低く、一般的に飼育しやすい爬虫類の一つとされています。

同じようなタイプのビバリウムで飼育できる仲間としてガーゴイルゲッコーなどの他にジャイアントゲッコーも挙げられますが、その成体はもう少し大きいサイズのケージよいでしょう。

【生物データ】
- 種属／爬虫類、イシヤモリ科オウカンミカドヤモリ属
- 全長／約20〜25cm
- 寿命／10年ほどとされている
- 食性／動物食傾向の強い雑食（昆虫類などの他に果実なども食べる）
- 外見の特徴／まつ毛のように見える目の上の突起がかわいらしく、カラーバリエーションも豊富

- 飼育のポイント／ニューカレドニアは1年の気温の変化が比較的小さく、年間平均気温は24度前後である。そのため、とくに寒い季節の温度管理はしっかりと行いたい。また、尾は一度切れると、再生しないので、ハンドリングの際などに注意が必要である。
　食事はコオロギなどの生きた昆虫、あるいは冷凍した昆虫がベースとなる。

準 備

【ケージ等】
ケージ▶サイズ幅約31.5cm×奥行約31.5cm×高さ約47.5cm／ガラス製

【レイアウト用アイテム】
床材▶ウッドチップ（ヤシガラ由来のタイプ）
骨格▶流木／コルクチューブ
植物▶人工植物

【作業用アイテム】
固定用▶シリコンシーラント（耐水性に優れた樹脂でできた接着剤）

コルクチューブで完成度を高める

　森林の雰囲気を演出するために流木に加えて**コルクチューブ**を使用。このコルクチューブによりビバリウムの完成度が高くなります。

手 順

手順❶ 骨格となる流木やコルク樹皮をセットする

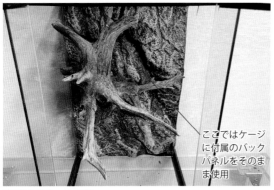

ここではケージに付属のバックパネルをそのまま使用

❶流木をセットする
　まず流木をセットします。流木は宙に浮かせるので、ケージとのフィット感を確認して作業を進めます。

流木やコルクチューブが落下しないように安定性をしっかりと確認する

❷コルクチューブをセットする
　ケージ内の立体感を増すために流木とバックパネルの間にコルクチューブをセットします。

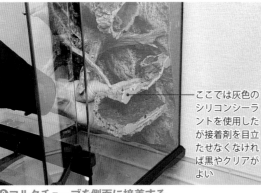

ここでは灰色のシリコンシーラントを使用したが接着剤を目立たせたくなければ黒やクリアがよい

❸コルクチューブを側面に接着する
　見栄えと流木を安定させるために半分に切ったコルクチューブをシリコンシーラントでケージ側面に接着します。

Check!

養生テープなどを使い、完全に乾燥するのを待つ

固定して乾かす

　使用する量などにもよりますが、シリコンシーラントは完全に乾燥するまでにおよそ1日かかります。それまではしっかりと固定します。

手順❷　人工植物をセットする

人工植物は根本がワイヤーになっているとセットしやすい

❶人工植物をセットする

アクセントとなる人工植物を流木にセットします。

このビバリウムは宙に浮く流木がメインなので人工植物はあまり多くは使用しない

❷バランスを確認する

人工植物のセットを終えたら全体的なバランスを確認します。

Check!

植物は適したものを使う

クレステッドゲッコーは夜行性で、昼行性の仲間ほど日光を必要としません。自然環境を表現するには実際の植物のほうがよいものの、その飼育環境に合わせると日照不足で枯れてしまう可能性が高いので、ここでは人工植物を使用しています。

手順❸　床材をセットして仕上げる

ここではシリコンシーラントが乾燥するまでの固定のためにコルク樹皮も使用。これもあとではずす

シリコンシーラントが完全に乾燥したら養生テープをはがす

❶床材を敷く

床材を床全体に敷き詰めます。床材の厚さは3cmぐらい。その上に水入れをセットしたら完成です。

➡完成したビバリウムは60ページ

Check!

固定具合が弱いと崩壊してしまう可能性があるので要注意

安定性をしっかり確認する

このビバリウムは流木などが宙に浮いていることもあり、生体を入れる前に入念にセットしたアイテムの安定性を確認します。

メンテナンスと飼育のポイント

【メンテナンスのポイント】
■衛生面のメンテナンス
ケージのガラスが汚れたら、きれいに拭き取ります。床材は1〜2カ月に1回を目安にすべて入れ替えます。

【飼育のポイント】
■生体の水分補給の管理
生体の水分補給のために全体への霧吹きは毎日、朝晩の2回行うのが理想です。

森林にある空洞の樹木をイメージした、大きなケージを使った大胆なレイアウト

ジャイアントゲッコーのように大型のヤモリの仲間には
ケージやレイアウト用のアイテムは大きなものを用意します。

正面

Close Up

コルクチューブはジャイアントゲッコーによく合う

シダ植物を模した人工植物をバランスよく配置

同様の環境で
飼育できる他の仲間
- ●ガーゴイルゲッコー
- ●クレステッドゲッコー
- ●トッケイ
- ※その他の夜行性のヤモリの仲間
  　など

■大きなヤモリに合わせたダイナミックなビバリウム

　ジャイアントゲッコーは最大で全長が40cmにもなる大型のヤモリの仲間です。そのサイズに合わせて、大型のケージを使用。大きくて太い流木とコルクチューブをレイアウトしたダイナミックなビバリウムです。ポイントの一つは森林で見かける、なかが空洞の樹木をイメージして、そのようなかたちのコルクチューブを用いていること。そのようなコルクチューブは大きくて重いので、ジャイアントゲッコーが動いたときに崩れてしまわないように、しっかりと固定することが重要です。

ポイント

■ 骨格で魅せる

このビバリウムの骨格は大きなコルクチューブと流木です。まず、自分のイメージに合ったものを入手することがポイントの一つです。なお、骨格作りでは接着剤を利用したり、コルクチューブと流木をうまく組み合わせて、しっかりと固定します。

生体を入れる前に安定性を確認する

■ 人工植物を利用

ビバリウムの彩りとなる植物は人工植物を使用しています。根本が針金になっているタイプは、セットする位置をより柔軟に選ぶことができるというメリットがあります。

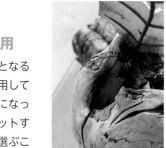

針金があれば巻き付けて固定できる

ジャイアントゲッコーを知る

グランテラのマウントコーギスという種の幼体

■ 人間への警戒心が低く、飼いやすい爬虫類

ジャイアントゲッコーは略称です。さらに略して愛好家の間では「ジャイゲコ」と呼ばれることもありますが、正しくはニューカレドニアジャイアントゲッコーです。ただ、それ自体も愛称で、種としての正式な名称はツギオミカドヤモリです。

オーストラリアの東にあるニューカレドニアに分布していて、国内で流通しているのはブリーディングされたものです。ヤモリの仲間としては大型で、ケージは大型のものが適しています。夜行性で動きはゆっくりとしています。

【生物デ タ】
- ●種属／爬虫類、イシヤモリ科ミカドヤモリ属
- ●全長／約35〜40cm
- ●寿命／30年ほどとされている
- ●食性／動物食傾向の強い雑食（昆虫類などの他に果実なども食べる）
- ●外見の特徴／体色は樹皮に似た色で、環境により体色をある程度かえることができる

- ●飼育のポイント／ニューカレドニアは1年の気温の変化が比較的小さく、年間平均気温は24度前後。そのため、とくに寒い季節の温度管理に注意が必要。

食事はコオロギなどの生きた昆虫（または冷凍した昆虫）や冷凍したマウス、あるいは水と混ぜて使用するヤモリ用の市販のパウダーでもよい。性格は大人しく、ハンドリングも可能で、飼育しやすい。

準備

【ケージ等】
ケージ▶サイズ幅約46.8cm×奥行約46.8cm×高さ約60.6cm／ガラス製

【レイアウト用アイテム】
床材▶ウッドチップ（ヤシガラ由来のタイプ）
骨格▶流木／コルクチューブ
植物▶人工植物（シダ植物を模したものとつる性の植物を模したものの2種類）

【作業用アイテム】
固定用▶シリコンシーラント（耐水性に優れた樹脂でできた接着剤）

大型のケージで管理する

　ジャイアントゲッコーは大きい個体は40cmにもなる大型のヤモリの仲間です。その体のサイズに合うように、高さが60cmの大型のケージを使用しています。

手 順

手順① 骨格を作る

❶レイアウトを考える
　レイアウト用アイテムを実際に置いて仕上がりを考えます。

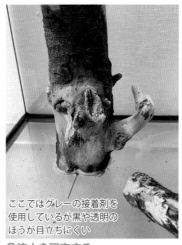

ここではグレーの接着剤を使用しているが黒や透明のほうが目立ちにくい

❷流木を固定する
　コルクチューブを支える流木を接着剤でケージの底に固定します。

生体の活動で崩れないように安定性は入念に確認する

❸コルクチューブをセットする
　接着剤が乾いたら流木の上にコルクチューブをセットします。

イメージに合ったアイテムを探す

　樹木の幹や太い枝にできた洞窟状の空間を「樹洞」といいます。このビバリウムでは円筒形の大きなコルクチューブを樹洞のある樹木に見立てていて、それが大きなポイントとなっています。そのコルクチューブを支える流木も大きくて、かたちがよいものを選びました。このようにビバリウムの制作ではアイテム選びも仕上がりを左右する重要な要素の一つです。

手順❷ ▶ 床材を敷いて植物をセットする

❶床材を敷く
　ケージの底全体に床材を敷きます。厚さは2〜3cmぐらい。

人工植物はバランスよく配置する

❷人工植物をセットする
　流木に人工植物をセットします。

Check!

枝に巻いて固定する

　人工植物は枯れないことに加えて、セットしやすいのもメリットの一つです。ここで使用しているのは根本に針金がついているタイプで、流木の枝に巻いて固定しています。

手順❸ ▶ 植物をセットして仕上げる

❶別の植物の位置を決める
　彩りとして人工植物を追加。位置は全体のバランスを見て決めます。

ここではセットしていないが必要に応じて水入れをセットする

❷別の植物をセットする
　別の人工植物をセットし、安定性などを確認したら完成です。

➡完成したビバリウムは64ページ

MEMO
大きいケージを使う

　成長過程にある生体のビバリウムに使用するケージの大きさについては、さまざまな考え方があります。ここで紹介しているビバリウムはジャイアントゲッコーの若くて小さい生体のためのものですが、成長を見越して大きなケージを使用しています。ただ、56ページのイエアメガエルのように生き餌を与える場合は小さいケージのほうがよいこともあります。

メンテナンスと飼育のポイント

【メンテナンスのポイント】
■衛生面のメンテナンス
　ケージのガラスが汚れたら、きれいに拭き取ります。床材は1〜2カ月に1回を目安にすべて入れ替えます。

【飼育のポイント】
■生体の水分補給の管理
　全体への霧吹きは毎日、朝晩の2回行うのが理想です。水入れを使用してもよく、その場合は水は毎日、交換します。

ジャングルのイメージに近づけるために緑色が鮮やかな植物を豊富に使用

ビバリウムは、その生体が暮らす自然環境の再現を目指したいものです。
ジャングルなら、植物を豊富に使用するのがポイントです。

正面

Close Up

奥の太めの枝はジャングルの折れた枝をイメージしている

真上から見たところ。コケはケージのコーナーなどに配置している

■植物をバランスよく配置する

　ボルネオキャットゲッコーは自然環境下ではジャングルに生息しています。このビバリウムはそのジャングルという自然環境を意識していて、緑色が鮮やかな植物を多めに使用しました。また、ジャングルの雰囲気を演出するために、折れた枝が地上に落ちたのをイメージして、太めの枝を垂直に近いかたちで配置しています。ただし、あまりに植物が多いと全体のバランスがよくなくなるので注意が必要です。とくにコケは流木の根本など、ポイントを絞ってセットしています。

同様の環境で飼育できる他の仲間

- ●ヤドクガエル
- ●ハイナントカゲモドキ
- ●マレーキャットゲッコー
- ※その他の夜行性のヤモリの仲間など

ポイント

■ 植物を上部にセット

より立体的に仕上げるために、一部の観葉植物は上部に配置しています。

左側の奥はフローラルフォームを組み合わせて高さを調整しました。なお、ここでは固定するためにゼオライト配合の造形材を使用しています。

一方、右側は立てた流木の上部に植物をはめ込みました。

ゼオライト配合の造形材で、外見上の違和感がなく、各レイアウト用アイテムを固定している

■ メンテナンスにも考慮

ここで使用したケージは水抜き用の穴がありません。そこで、底に溜まった水を抜きやすいようにケージのコーナーにプラスチックパイプをセットしています。水はサイフォンの原理を利用して抜きます。

空洞のコルクチューブを容器として利用。水ゴケをつめて高さを調整し、そこに植物をはめ込んだ

ボルネオキャットゲッコーを知る

■ 巻かれた尾は物をつかむことができる

ボルネオキャットゲッコーは名前が示すようにボルネオ島に分布しているキャットゲッコーの仲間です。キャットゲッコーはオマキトカゲモドキの別称で、名前が似た種にオマキトカゲがいることなどから、国内では広くキャットゲッコーという名で親しまれています。また、キャットゲッコーという呼び名は尾を上げてそっと歩く様子が猫に似ていることに由来するといわれています。

尾は先端が横に巻かれていて、物をつかむことができます。夜行性で、性格は大人しく、やや神経質な面があるとされています。

【生物データ】
- 種属／爬虫類、トカゲモドキ科オマキトカゲモドキ属
- 全長／約18〜21cm
- 寿命／5〜10年ほどとされている
- 食性／動物食（昆虫や節足動物が中心）
- 外見の特徴／オマキトカゲモドキ属のなかでも背中に白いラインが入るのが特徴

- 飼育のポイント／ボルネオ島は、面積は日本の国土の約1.9倍の大きさ。赤道直下に位置していて熱帯雨林、いわゆるジャングルが広がっている。そのため高温多湿な環境が好ましいが、ボルネオキャットゲッコーは極端な高温多湿は好まないといわれている。

食事はコオロギなどの生きた昆虫、あるいは冷凍した昆虫がベースとなる。

準　備

なかが空洞のコルクチューブ（写真左）。それを縦にカットしてシェルターとして使用（写真右）

空洞のコルクチューブを活用する

　ここでは空洞のコルクチューブを観葉植物を植える容器やシェルターとして活用しています。

【ケージ等】
ケージ▶サイズ幅約31.5cm×奥行約31.5cm×高さ約47.5cm／ガラス製
ライト等▶可視光線ライト

【レイアウト用アイテム】
床材▶軽石／赤玉土／ウッドチップ（パインバーク：松樹皮のチップ）
骨格▶流木／コルクチューブ
植物▶観葉植物（大型2種、小型3種）／太めの枝（雰囲気の演出用）／水ゴケ
その他▶フローラルフォーム／ゼオライト配合の造形材（背面に使用）／プラスチックパイプ（排水用）

手　順

手順① 床材を敷く

軽石はネットに入ったままでよい
コーナーにプラスチックパイプをセットする

❶軽石と赤玉土をセットする
　まず軽石、次に赤玉土を敷きます。

ウッドチップは外観のよさと保湿のために使用

❷ウッドチップを敷く
　赤玉土の上にウッドチップを敷きます。

Check!

排水を考慮する

　ビバリウムのタイプによっては排水を考慮する必要があります。ここでは排水のためにプラスチックパイプをセットしました。

手順② 骨格を作る

手間だけを考えるなら観葉植物は床材を敷く際に植えるとよりスムーズである

❶大型の植物をセットする
　ビバリウムの骨格となる、大型の観葉植物と流木をセットします。

ここでは全体のバランスを考慮して対角にも観葉植物をセットした

❷植物を追加する
　必要に応じて、骨格となるような大型の植物を追加します。

❸コルクチューブをセットする
　床材を軽く掘り、大きなコルクチューブを立ててセットします。

手順③ 植物をセットする

なかに水ゴケを詰めてから植物をはめ込む

❶コルクチューブに植物をセットする
コルクチューブの空洞を利用して、そこに観葉植物をセットします。

フローラルフォームとゼオライト配合の造形材を使って背面の上側に植物をセット

❷背面に植物をセットする
フローラルフォームなどを利用して植物をセットします。

Check!

土台のフローラルフォームで高さを調整し、その上に植物をはめ込んだフローラルフォームをセット

背面を美しく仕上げる

ここでは左奥のスペースに観葉植物をセットしています。土台にフローラルフォームを設置して、その上に観葉植物をはめ込んだフローラルフォームをセット。仕上げにゼオライト配合の造形材でしっかり固定しました。

手順④ いろいろなアイテムをセットして仕上げる

シェルターがわりのコルクチューブは縦にカットして使用

❶コルクチューブをセットする
シェルターがわりのコルクチューブを床材の上にセットします。

➡完成したビバリウムは68ページ

この枝はジャングルの雰囲気を演出するためのもの

❷枝を立ててセットする
雰囲気を出すために右奥に枝を立てた状態でセットします。

コケは流木の根本やケージ端などにバランスよく配置する

❸コケをセットして仕上げる
コケを配置して全体のバランスを確認。最終調整したら完成です。

メンテナンスと飼育のポイント

【メンテナンスのポイント】
■ケージの底に溜まった水のメンテナンス
プラスチックパイプは普段は脱脂綿などで栓をしておき、ケージの底に水が溜まったら、その栓を抜いてサイフォンの原理を利用して水を抜きます。

【飼育のポイント】
■生体の水分補給の管理
水やりは霧吹きは毎日、朝晩の2回行いますが、そのかわりに水入れを設置してもよいでしょう。

メッシュのケージを使い、人工物だけで
カメレオンが棲む自然環境を再現

人工のアイテムだけでも自然の森林を再現することは可能です。
そのようなビバリウムには管理がしやすいというメリットがあります。

正面

Close Up

一部に植物が密集している部分を作っている

ケージの下側にはアクセントとしてポイントを絞って緑色の植物を配置

同様の環境で
飼育できる他の仲間

● パンサーカメレオン
※その他のカメレオンの仲間など

■ **全体のバランスを考えて植物が密集している部分を作る**

　人工植物や人工ツタ、ペットシーツといった人工のアイテムだけで制作したビバリウムです。人工のアイテムには作りやすく、管理がしやすいというメリットがあります。ただし、人工のアイテムだけで自然環境を再現するにはより多くの工夫が必要です。ここでは自然の森林に見られるような植物が密集しているポイントを作っています。注意したい点として、植物が密集している部分の割合が大きいとエボシカメレオンを観察しにくくなってしまいます。全体のバランスを考慮して、植物が密集している部分の割合や位置を決めることが大切です。

ポイント

■ 植物の密集地帯を作る

このビバリウムに使用したアイテムのなかで、大きなポイントとなっているのがボリュームがある人工植物です。この植物の配置の仕方によって仕上がりの印象が大きくかわります。ここでは骨格の人工ツタのかたちを考慮しつつ、「どこに植物が密集しているとエボシカメレオンが自然に隠れることができるのか？」を意識してケージの左側に配置しています。

■ メッシュのケージ

エボシカメレオンのサイズに合わせて、ここでは大型のケージを使用しています。また、このケージは天面や壁面がメッシュになっていて、レイアウト用アイテムを設置しやすいというメリットもあります。このようにイメージに合ったケージを選ぶこともビバリウム制作の大切な要素です。

森林に棲むエボシカメレオンには植物がよく合う

壁面がメッシュだと通気性がよい

エボシカメレオンを知る

■ 国内で人気のカメレオンの種

名前は頭の大きな突起が「烏帽子（えぼし）」に似ていることに由来するといわれています。

オスとメスでは体の大きさが異なり、オスのほうが大きく成長します。最大でオスは65cmぐらい、メスは45cmぐらいです。

人気は高く、国内で愛玩動物として飼育されているカメレオンの仲間としては、もっともポピュラーな種の一つです。アジアとアフリカをつなぐアラビア半島の南西部の森林に分布していますが、国内外でのブリーディングが進んでいます。

体色は青みがかった明るい緑色がベースで、周囲の環境などによってかえることができます。また、模様は薄い黄色の縞模様と濃い茶色の斑点が入ります。

【生物データ】
- ●種属／爬虫類、カメレオン科カメレオン属
- ●全長／約30〜65cm
- ●寿命／5〜8年ほどとされている
- ●食性／動物食の強い雑食（昆虫や節足動物が中心で植物の葉や果実も食べる）
- ●外見の特徴／最大で65cmぐらいと体のサイズが大きく、頭に大きな突起がある

- ●飼育のポイント／基本的には高温多湿な環境を好むが、ある程度の環境の変化には対応できるとされている。ただし、とくに寒い季節の温度管理には注意が必要で、一般的にはバスキングライトと紫外線不足の対策としてUVライトを設置する。

食事は冷凍を含めたコオロギがベースとなる。ピンセットで与える愛好家も多い。

【ケージ等】

ケージ▶サイズ幅約45.0cm×奥行約45.0cm×高さ約80.0cm／フレームはアルミ合金製で天面や壁面は金属製メッシュ

ライト等▶バスキングライト／UVライト（ここでは兼用のライトを使用）

【レイアウト用アイテム】

床材▶ペットシーツ

骨格▶人工ツタ

植物▶人工植物（メインのものとサブのものの複数種）

【作業用アイテム】

固定用▶結束バンド（人工ツタをケージに固定するのに使用）

樹上性の生物のビバリウムに重宝する人工ツタ

　このビバリウムに使用したアイテムのなかで、もっとも特徴的なものが人工ツタです。人工ツタは自由に折り曲げることができ、エボシカメレオンのようにサイズが大きい樹上性の生物のビバリウム制作に重宝します。なお、ここでは人工ツタを固定するためのものとして結束バンドを使用しています。

手　順

手順❶ 骨格を作る

人工ツタ同士の一部を絡めると自然な仕上がりになる

❶1本目の人工ツタをセットする

　ここでは2本の人工ツタで骨格を作ります。まず1本をS字型にセットします。

❷2本目の人工ツタをセットする

　2本目の人工ツタを上から下に垂れ下がるようなイメージでセットします。

Check!

しっかり固定する

　人工ツタは結束バンドを使ってしっかりと固定します。天面や壁面が金属メッシュのケージはこのようなメリットもあります。

セットしたら安定性をしっかり確認する

Check!

立体運動を意識して骨格を作る

　エボシカメレオンはほぼ樹上で生活する生物で、荒野に棲む生物などとは違い、立体的な活動をします。ビバリウム制作では、その上下運動を意識する必要があり、ここでは上の「①1本目の人工ツタをセットする」でS字型にセットした人工ツタは上下にしっかり移動できることを意識しました。一方、「②2本目の人工ツタをセットする」でセットした人工ツタは横への移動に幅を持たせることをイメージしました。

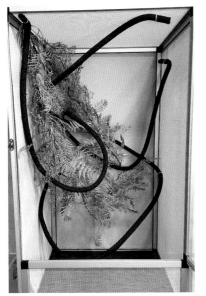

サブの植物はメインと色やかたちが違うものだとよりおしゃれに仕上がる

①メインの植物をセットする

　植物のなかではメインとなる大きな人工植物をセットします。

②サブの植物をセットする

　ケージ内に彩りを添えるようなサブの人工植物をセットします。

葉の水滴で水分補給

　エボシカメレオンは葉についた水滴を舐めて水分補給します。ビバリウム制作では、その生態も意識して植物をセットしましょう。

エボシカメレオンは基本的にバスキングライトとUVライトが必要

③床材をセットする

　床材をセットします。ここではペットシーツを使用しています。

④ライトを設置して仕上げる

　ライトを設置します。必要に応じてアイテムの位置などを調整したら完成。

➡完成したビバリウムは72ページ

MEMO

ミスティングシステムでもOK

　エボシカメレオンに水を与える方法として、飼い主が定期的に霧吹きをする以外に市販のミスティングシステムを設置するという選択肢もあります。ミスティングシステムは市販されています。

ミスティングシステムを採用すると毎日の霧吹きの手間が省ける

メンテナンスと飼育のポイント

【メンテナンスのポイント】

■ペットシーツの交換

　ペットシーツの最大の利点は交換がしやすいことです。汚れていたら、すみやかに交換しましょう。

【飼育のポイント】

■生体の水分補給の管理

　そこまで多湿を意識する必要はないものの、霧吹きは毎日、朝晩の2回行うのが基本です。自動のミスティングシステムで対応してもOKです。

自作のシェルターを効果的に配置して
神秘的なイメージのバックパネルを活かす

よい雰囲気のバックパネルを活用するビバリウムは、それに合うアイテムを選び、バックパネルが見えるように配置の位置を工夫します。

正面

Close Up

神秘的な雰囲気があるバックパネルが美しいヘビによく合う

人工植物ならヘビの活動によってボロボロになる心配がない

■よく見る角度からアイテムの位置を決める

　このビバリウムは少し珍しいアルビノのアオダイショウの若い個体のために制作しました。アオダイショウは全長が100〜200cmにもなるので、こちらは小さいサイズのヘビの仲間向きです。

　アオダイショウは活動量が多いこともあり、凝ったビバリウムはあまり適していません。そこで存在感があり、雰囲気がよい市販のバックパネルを使用していて、それが大きなポイントの一つです。このバックパネルを活かすためにあらかじめバックパネルの見せる部分を決めて、普段、よく見る角度となる正面から見たときに、そこにはできるだけアイテムが重ならないように意識しています。

同様の環境で
飼育できる他の仲間

- コーンスネーク
- ※その他の小型のヘビ
- クレステッドゲッコー
- ガーゴイルゲッコー
- トッケイ
- ※その他のヤモリの仲間など

ポイント

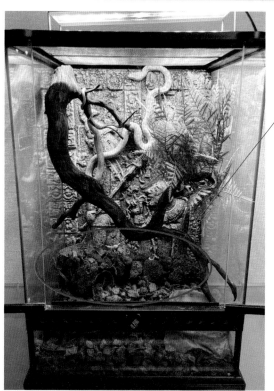

■ 上下の活動も意識する

　アオダイショウは器用に体を使って木登りをします。その立体的な活動を考慮して、ケージは縦長のものを選ぶとよいでしょう。

■ ケージ内に岩場を作る

　自然環境下のアオダイショウは岩場で日光浴をしている姿をよく目にします。その生態を考慮して自作のシェルターの付近に溶岩石をセットして、ケージ内に岩場を作りました。アオダイショウを含めてヘビの仲間は脱皮の際にザラザラした岩場などに体を擦り付けるので、この岩場はそのための場としても役立ちます。

アオダイショウを知る

アルビノの年齢が若い個体

■ 昼行性で活発に活動するヘビ

　国内に広く分布する日本の固有種。住宅地でも見かけることがある、馴染み深い爬虫類です。毒はありません。国内最大のヘビの仲間で、大きいものでは全長が200cmになることもあります。目がまん丸でよく見ると愛嬌がある顔をしています。

　地域や個体によって微妙に模様や色合いが異なり、たとえば北海道に棲むものは青みが強いものが多いとされています。また、愛好家の間ではアルビノの個体が人気となっています。

　昼行性でよく動くのが特徴の一つです。力も強いため脱走には注意が必要です。

【生物データ】
- ●種属／爬虫類、ナミヘビ科ナメラ属
- ●全長／約100〜200cm
- ●寿命／10〜20年ほどとされている
- ●食性／動物食（鳥類や鳥類の卵、小型の哺乳類などが中心）
- ●外見の特徴／「ヘビらしいヘビ」で、とくに海外で愛玩動物として人気となっている

- ●飼育のポイント／国内に分布していて、日本の気候に合っている種。気温や湿度にそこまで神経になる必要はない。また、冬眠については飼育環境下では冬も一定の温度（目安は20度ぐらい）を保ち、冬眠をさせないのが一般的である。

　食事は爬虫類ショップなどで販売している冷凍のマウスがメインとなる。

【ケージ等】

ケージ▶サイズ幅約31.5cm×奥行約31.5cm×高さ約47.5cm／ガラス製

ライト等▶必要に応じて弱めの紫外線ライトを設置する

【レイアウト用アイテム】

床材▶ウッドチップ（ヤシガラ由来のタイプ）

骨格▶流木

植物▶人工植物

その他▶溶岩石／塩ビ管のT字ジョイント

【飼育用アイテム】

水入れ▶爬虫類用の水入れ

【作業用アイテム】

固定用▶シリコンシーラント（耐水性に優れた樹脂でできた接着剤）

ケージ付属のバックパネルを活かす

　このビバリウムはケージに付属しているバックパネルを利用しています。このように最近はデザイン性に優れたケージが市販されているので、どのようなものを選ぶのかもビバリウム制作のポイントの一つになります。

手　順

手順❶　ベースを作る

❶流木をセットする

　まず骨格となる流木をケージ内にセットします。

❷ウッドチップを敷く

　ケージの底にウッドチップを敷き詰めます。厚さは3cmぐらい。

NG　すぐにあきらめない

　ビバリウム制作ではケージの大きさを測り、流木などのレイアウト品はそのサイズに合ったものを選ぶのが基本です。ただ、ぴったり合わないからといって、すぐにあきらめるのはもったいないことです。ここではサイズを合わせるために流木をノコギリでカットしました。このようにちょっとした工夫で解決できることもあります。

手順❷　シェルターを作る

塩ビ管の
T字ジョイント

溶岩石

❶シェルターの仕上がりをイメージする

　このビバリウムのシェルターは自作です。まず、素材となるアイテムを確認して仕上がりをイメージします。

溶岩石と溶岩石の隙間にウッドチップを挟むとよりリアルに仕上がる

❷塩ビ管に溶岩石を接着する

　シリコンシーラントを使い、塩ビ管に溶岩石を接着します。接着したら乾燥するまで時間を置きます。

手順③　レイアウト用アイテムをセットして仕上げる

バックパネルのビジュアルが見えるように、ここでは右側のコーナー付近の上部にセット

❶人工植物をセットする

各アイテムをセットしていきます。まず人工植物をセットします。

❷水入れをセットする

水入れをセットします。ここでは右側の手前の位置を選びました。

工夫して固定する

アイテムの固定の方法も状況に応じて工夫しましょう。ここでは人工植物をバックパネルに刺して固定しています。また、固定したら崩壊しないように安定性をしっかりと確認することも大切です。

ここではバックパネルに刺して固定している

❸シェルターをセットする

シェルターをセットします。ここでは左側の奥の位置を選びました。

➡完成したビバリウムは76ページ

溶岩石をまとめて配置することで違和感かない岩場エリアとなる

❹溶岩石をセットして仕上げる

シェルターの周りに溶岩石をセットします。これで、この周辺は岩場エリアになります。最後に状況に応じて調整したら完成です。

メンテナンスと飼育のポイント

【メンテナンスのポイント】
■衛生面のメンテナンス
排泄物はできるだけこまめに回収し、床材は1カ月に1回を目安に丸ごと交換します。

【飼育のポイント】
■食事の管理
ヘビの仲間は昆虫ではなく、冷凍マウスなどの小型の動物がメインとなります。

　ここでは爬虫類・両生類の愛好家の方々が制作したビバリウムを制作者と本書の監修者のコメントともに紹介します。対象の種はさまざまで、自分のビバリウム制作のヒントになるでしょう。

ヤドクガエルのビバリウム

【ビバリウムデータ】
対象▶コバルトヤドクガエル
ケージ▶サイズ幅約60.0cm×奥行約45.0cm×高さ約45.0cm／ガラス製
ライト等▶観賞用兼植物育成用のLEDライト
床材▶赤玉土／溶岩石
骨格▶流木／EPIWEB（植物を着生させることを目的とした土台）
植物▶観葉植物（ペペロミア、ミクロソリウム、ミクロソリウム）／コケ（ウィローモス）
飼育用アイテム▶ミスティングシステム／排水パイプ

【ビバリウムデータ】
対象▶キオビヤドクガエル
ケージ▶サイズ幅約45.0cm×奥行約45.0cm×高さ約45.0cm／ガラス製
ライト等▶観賞用兼植物育成用のLEDライト
床材▶赤玉土／溶岩石
骨格▶EPIWEB（植物を着生させることを目的とした土台）
植物▶観葉植物(セラギネラ、ネオレゲリア、ヒメイタビ、ホマロメナ、マコデスペトラ)／コケ（ウィローモス）
飼育用アイテム▶ミスティングシステム／排水パイプ

【制作者】
レオパの尋屋

【制作者のコメント】
「コバルトヤドクガエルのビバリウムです。どちらも最初にあまり作り込まず植物の成長に任せています。今後も時間をかけて壁面まですべて緑化すれば完成です」

【本書の監修者のコメント】
■複数種の植物がよく茂っている、よりリアルな仕上がり

　まさに「無為自然」という言葉がぴったりなビバリウム。複数種の植物がよく茂っていることで「人工的」に作られた感がなく、よりリアルな仕上がりになっていて素敵です。

ヤドクガエルのビバリウム

キオビヤドクガエル

ミイロヤドクガエル

【ビバリウムデータ】

対象▶キオビヤドクガエル／ミイロヤドクガエル

ケージ▶サイズ幅約60.0cm×奥行約30.0cm×高さ45.0cm／ガラス製

ライト等▶可視光線ライト

床材▶軽石／ブラウンソイル

骨格▶流木／炭化コルクボート

植物▶観葉植物（フィカスプミラ・ミニマ、ベゴニアポリロエンシス、ベゴニアネグロセンシス、ジュエルオーキッド）など

飼育用アイテム▶ミスティングシステム／PCの冷却ファン(換気用)

【制作者】

むし/世界カエル指食われ協会

【制作者のコメント】

「ヤドクガエルの繁殖を促すために作成したビバリウムです。現地の熱帯雨林の再現を目指しました。ミスティングシステムを採用していて、タイマーにより、定期的に噴霧が行われるようになっています」

【本書の監修者のコメント】

■運用しやすく、見た目も美しいビバリウム

飼育、繁殖をするうえで、管理しやすいスッキリしたつくりになっていて、見た目もしっかり楽しめるように、上部で植物が複雑に絡み合っているおしゃれなビバリウム。「運用のしやすさ」と「鑑賞価値の高さ」の両方が実現している美しいビバリウムに仕上がっていると感じます。

MEMO

ビバリウムも学ぶは真似ぶ

20ページでも触れましたが、自分のビバリウムの完成度を高めるには、他の人が制作したビバリウムを見ることも大切な要素です。「学ぶは真似ぶ」といいますが、それは絵画などの世界と同様にビバリウム制作にもあてはまります。全体の雰囲気はもちろん、気に入った部分があれば、そこだけを取り入れるのも有効です。

ジャイアントゲッコーのビバリウム

【ビバリウムデータ】

対象▶ジャイアントゲッコー・マウントコギスフリーデルラインブラックタイプ

ケージ▶サイズ幅約60.0㎝×奥行約45.0㎝×高さ約90.0㎝／ガラス製

ライト等▶UVライト（森林用）

床材▶ウッドチップ（ヤシガラ由来のタイプ）

骨格▶木材（桜）／コルクチューブ

植物▶観葉植物（ポトス）／人工植物

【制作者】
おむつ【爬虫類】

【制作者のコメント】
「ジャイアントゲッコーが縦・横どちらの向きでも休めるようにしています。またジャンプをしてコルク間を移動しやすい距離感覚を意識しました」

【本書の監修者のコメント】

■一手間加えられていて、飼育観察も楽しくなる

　大型のヤモリであるジャイアントゲッコーが動き回っても問題ない立派なサイズのコルクチューブをメインに作られているビバリウム。生体が立体活動をしやすいようにガラス面にコルクチューブを接着するなど、一手間加える工夫が施されていて、飼育観察が楽しくなるような素敵なビバリウムに仕上がっていると感じます。

カメレオンのビバリウム

【↑ビバリウムデータ】
対象▶エボシカメレオン(パイド)
ケージ▶サイズ幅約60.0cm×奥行約60.0cm×高さ90.0cm／ガラス製
ライト等▶UVライト／バスキングライト
床材▶ペットシーツ
骨格▶細長い枝状の流木
植物▶人工植物
飼育用アイテム▶ミスティングシステム

【制作者】
ふじぴこ

【制作者のコメント】
「左の大きな写真のビバリウムはカメレオンが好きな太さを選べるように、いろいろな流木を入れています。人工植物も3種類をミックスしてカッコよくレイアウトしました。右の小さい写真のビバリウムも同様で、こちらは通気性を考えてサイドをメッシュでケージ制作しました」

【↑ビバリウムデータ】
対象▶パンサーカメレオン(ノシファリー)
ケージ▶サイズ幅約45.0cm×奥行約45.0cm×高さ85.0cm／ガラス製
ライト等▶UVライト／バスキングライト・
床材▶ペットシーツ
骨格▶細長い枝状の流木
植物▶人工植物
飼育用アイテム▶ミスティングシステム

【本書の監修者のコメント】
■ 人工植物をバランスよく配置
　使用しているアイテムの性質上、かなり自由度の高いレイアウトを強いられるのですが、様々な形状のツタや人工植物をうまく駆使して、バランスよく配置されています。リアルさもしっかり出せていて、素敵なカメレオンのビバリウムに仕上がっていると思います。

【ビバリウムデータ】

対象▶オマキトカゲ

ケージ▶サイズ幅約60.0cm×奥行約45.0cm×高さ約60.0cm／ガラス製

ライト等▶バスキングライト／UVライト

床材▶ウッドチップ（天然ヤシガラ由来のタイプ）

骨格▶コルクブランチ

飼育用アイテム▶爬虫類用の水入れ

【制作者】

爬虫類倶楽部（中野店）

【制作者のコメント】

「オマキトカゲは世界最大のスキンク系のトカゲで性質は樹上性です。骨格となるコルクブランチは太くて、しっかり安定したものを使用し、立体活動ができるように組み合わせています」

【本書の監修者のコメント】

■ 無駄がないビバリウム

　大型のスキンクがケージ内を自由に移動できるよう、バランスよくコルクブランチを張り巡らせたビバリウム。3本のコルクブランチでバスキングスポットの役割まで作れており、しっかりバスキングライトの下にも移動できるように組まれていて、無駄がないビバリウムに仕上がっていると感じます。

ミドリナメラのビバリウム

【ビバリウムデータ】

対象▶ミドリナメラ

ケージ▶サイズ幅約60.0cm×奥行約45.0cm×高さ約45.0cm／ガラス製

ライト等▶バスキングライト

床材▶ウッドチップ（天然ヤシガラ由来のタイプ）

骨格▶人工ツタ／樹木の枝

植物▶観葉植物（ポトス）、人工植物

飼育用アイテム▶爬虫類用の水入れ／爬虫類用シェルター

【制作者】

爬虫類倶楽部（中野店）

【制作者のコメント】

「ミドリナメラは樹上性のヘビの仲間です。枝などに捕まりやすいように人工ツタを活用し、立体活動をできるようなレイアウトにしています。また、植物は天然のものと人工のものを混ぜて配置しています」

【本書の監修者のコメント】

■ ケージの底にアイテムを置かず、管理面もしっかり考慮

　ツタや流木、人工植物など、いろいろな要素が絡み合い、生体がうまく隠れられるようにできているビバリウム。まるでヘビ本体がどこにいるか一瞬探してしまうほど、うまく組まれたビバリウムになっていると思います。また、極力、ケージの底にはアイテムが置かれてないため、床材の交換などのメンテナンスをしやすそうで管理面でもしっかり考えられていると感じます。

【ビバリウムデータ】

対象▶モリアオガエル

ケージ▶サイズ幅約46.8cm×奥行約31.0cm×高さ約28.2cm／プラスチック＆ガラス(前面)製

ライト等▶可視光線ライト

床材▶軽石／赤玉土

骨格▶流木

植物▶観葉植物／コケ(ハイゴケ：床材のように使用)

飼育用アイテム▶爬虫類用の水入れ

【制作者】

RAFちゃんねる　有馬(本書の監修者)

【本書の監修者のコメント】

■観葉植物に葉や茎が丈夫なものを使用

　若い生体でサイズが小さいため、食事の生きたコオロギとの遭遇率を考慮して、大きすぎないケージで制作したビバリウムです。モリアオガエルは樹上性のカエルの仲間で、木の枝や葉に登る性質があるので、使用する観葉植物は葉や茎が丈夫なものを選んでいます。

MEMO

珍しい個体のため、単独で飼育

　このビバリウムは1/100,000の確率でしか出現しないといわれている「色彩変異個体」のモリアオガエルのためのもので、単独で飼育しています。というのも、万が一、他の個体と一緒に飼育すると、接触で感染症などの病気になるリスクがあるからです。この色彩変異は遺伝子による突然変異で、「紫色細胞」の欠乏ではないかと推測しています。

　なお、通常のモリアオガエルには斑紋があるものとないものがいて、地域や個体によって異なります。

モリアオガエルの通常の体色で斑紋がある美しい個体

体色が緑ではなく、黄色の珍しい個体

第3章

荒野に棲む仲間の
ビバリウム

本章で紹介するビバリウムの主な対象は
乾燥した気候で荒れ気味の地域に棲んでいる爬虫類です。
人気のフトアゴヒゲトカゲやレオパが該当します。
使用するアイテムが少ないので、
流木などのアイテム選びがより重要な要素になります。

流木などのレイアウト用アイテムは
自分のイメージに合うものを探し出す

荒野はケージ内にセットするレイアウト用アイテムが少なく、
アイテム自体に高いデザイン性が求められます。

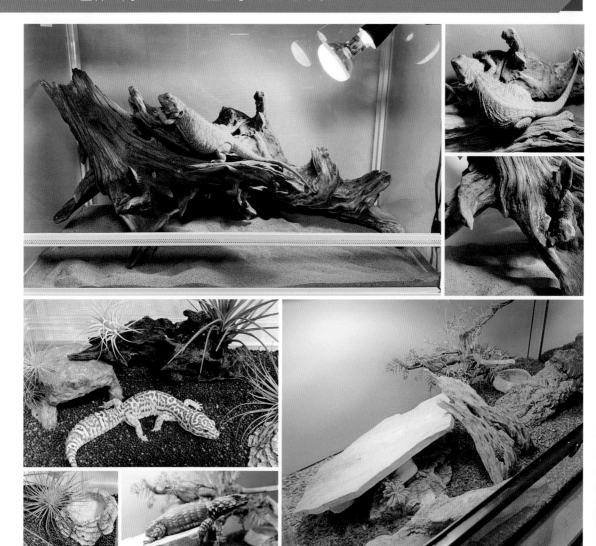

■ シンプルで作りやすいものが多く入門者にもおすすめ

　荒野は植物を使用しなくても自然環境を再現することができ、使用するにしても、ポイントを絞ってレイアウトするのが基本です。使用するレイアウト用アイテムが少なく、「はじめてビバリウムを制作する」という入門者も取り組みやすいカテゴリーといえるでしょう。使用するレイアウト用アイテムが限定的であるため、その質がビバリウムの完成度に大きく影響します。自分のイメージに合うものを入手することが重要で、そのようなものに出会うまでの過程もビバリウム制作の楽しみの一つになります。

　また、砂やウッドチップなどの床材についても、いろいろなタイプが市販されています。吟味したうえで決めるようにしましょう。

自然環境とそれを表現するポイント

フトアゴヒゲトカゲが生息しているオーストラリアの様子

■乾いた土壌を床材で再現

本章で紹介しているビバリウムの対象の一つ、フトアゴヒゲトカゲを例にすると、分布しているのはオーストラリアの内陸部です。その地域は乾燥気味の気候で荒れた地が広がっています。草が生えているところがある一方で、一部は砂漠のようにもなっています。そのような環境を再現するためのポイントの一つは床材で、フトアゴトカゲのビバリウムには爬虫類の床材用の砂がよく合います。

また、荒野というと倒木が多いというイメージがあり、その倒木は市販の流木を利用すると再現することができます。

なお、本章では荒野に棲む生物と同じように乾燥気味の地域に棲んでいて、地表を移動することが多いグランカナリアカラカネトカゲのビバリウムも紹介しています。こちらは岩場などに生息しています。

フトアゴヒゲトカゲはこのような砂漠にも棲んでいる

床材の砂は乾燥した地域の自然環境を再現できる

荒野に棲む仲間の特徴と飼育環境のポイント

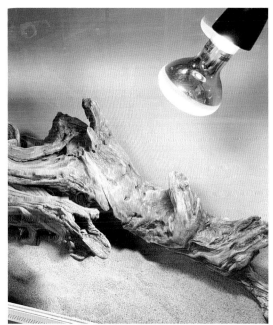

周囲よりも高く、ライトの光がよく当たるところがバスキングスポットになる

■フトアゴヒゲトカゲは日光浴の場所を設ける

フトアゴヒゲトカゲは健康を維持するためにバスキングスポットを設ける必要があります。バスキングスポットとは日光浴をできる場所のことで、方法としては温度を上げるバスキングライトと紫外線を照射するUVライトを設置し、それらのライトまでの距離が近くなるように高さがあるところを設けます。せっかくケージ内を美しく仕上げるのですから、そのバスキングスポットをどのように作るかがビバリウム制作のポイントの一つになります。

また、生体のストレスを考慮して身を隠せるシェルターを設置したほうがよく、そのシェルターも工夫次第で美しく仕上げることができます。

塩ビ管のT字ジョイントをシェルターとして使用

床材に砂を使って荒野を表現し、おしゃれな流木を組み合わせる

ここではフトアゴヒゲトカゲのためのものを例に、
荒野に棲む仲間のビバリウムの制作方法と美しく仕上げるためのコツを紹介します。

正面

Close Up

流木がフトアゴヒゲトカゲによく合う

設置した流木の足元付近は生体が身を隠せるスペースがある

■流木が完成度を決める

　砂の床材を敷いて、その上に大きな流木をセットしただけというシンプルな構成のビバリウムです。レイアウト用のアイテムが少ないだけに、流木のかたちや大きさがとても重要です。アイテム選び、アイテム探しもビバリウム制作の行程の一つと考え、自分のイメージに合うものを探し出しましょう。

　ここでは2つの大きな流木を使い、「①隠れ場所となるシェルター」「②ちょっとした上下運動をできる足場」「③体を温めるバスキングスポット」という3役を満たすような組み方をしています。

同様の環境で飼育できる他の仲間

- ●オニプレートトカゲ
- ●トゲオアガマ
- ●シュナイダースキンク

※その他の乾燥地域に生息する中〜大型のトカゲなど

ポイント

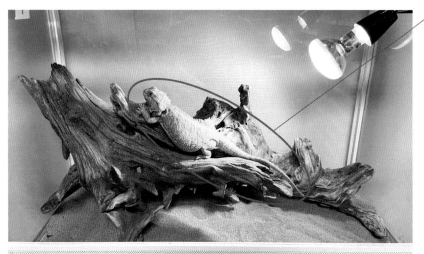

■ バスキングスポット

フトアゴヒゲトカゲは昼行性で、自然環境下では朝、起きて日光浴をしてから活動を開始するといわれています。ケージ内にはそのような日光浴をできる場所（バスキングスポット）を設けるのが基本です。なお、ここではUV照射機能と温度を上げる機能を兼用するライトを使用しています。

■ 荒野を再現

フトアゴヒゲトカゲは自然環境下では日差しが強く、乾燥した荒野に生息しています。このビバリウムは、そのような地をイメージして制作したビバリウムです。

■ 流木の美しい組み合わせ

一見すると一つの大きな流木のようですが、二つの流木を組み合わせています。流木をセットする際にいろいろな向きや置き方を試し、いちばん美しいかたちで仕上げています。

荒野のビバリウムのポイント

■ 生体の動きを考慮する

ビバリウムの対象となる種が暮らす荒野は岩や倒木などがあります。流木を配置すると、その雰囲気を再現できます。その際に意識したいのが、生体が移動する地表のスペースを確保することです。ケージ内のアイテムが多すぎて動きが制限されると、生体がストレスを感じることになってしまいます。

■ 植物はポイントを絞って配置する

植物をセットすると、生体が地表を移動する際に崩されてしまうことがあります。そのため、荒野のビバリウムでは植物はケージのコーナー付近などにポイントを絞って配置します。

なお、フトアゴヒゲトカゲは植物を食べてしまうことがあります。人工植物も誤食する可能性があるためレイアウト用のアイテムとして植物は向いていません。

立体的なレイアウト用アイテムはバランスよく配置する
➡写真のビバリウムは104ページ

植物はポイントを絞って配置する
➡写真のビバリウムは96ページ

フトアゴヒゲトカゲを知る

カラーはハイポオレンジ

【生物データ】
- ●種属／爬虫類、アガマ科 アゴヒゲトカゲ属
- ●全長／約40〜60cm
- ●寿命／8〜10年ほどとされている
- ●食性／動物食の傾向が強い雑食
- ●外見の特徴／首の周辺にヒゲのような棘状（きょくじょう）の突起がある。全体的に「かっこいい」イメージで「小さい恐竜」と形容されることもある

■ 温厚な性格で飼いやすい爬虫類の仲間

オーストラリアに分布している、オーストラリアの固有種です。愛玩動物として飼育されている爬虫類のなかではレオパ（96ページ）と並んで、もっともポピュラーな種といえるでしょう。現在、流通しているのはブリーディングされた個体です。いろいろな体色や模様のものがいます。

大きいものだと全長が60cmぐらいになります。大きめの飼育スペースが必要になるものの、比較的丈夫で、性格は温厚と飼育がしやすい条件がそろっています。なお、レオパと違い、尾を自分で切ることはありません。

●飼育のポイント／フトアゴヒゲトカゲが生息しているのは、日差しが強く、1年でもっとも寒い時期でも気温が10度を下回ることは少ない地域である。そのため、とくに冬の温度管理には注意が必要。バスキングライトとUVライトの両方を設置するのが一般的である。

食性は雑食とされ、小松菜などの野菜やバナナなどの果物も食べる。ベビーなどの成長期はコオロギを中心に与える。また、人工飼料を中心に育てることもできる。

荒野のビバリウムの対象

■ 樹木に登らず、地表を中心に活動する生物のためのビバリウム

フトアゴヒゲトカゲと同じように乾燥した地域に棲む中〜大型のトカゲの仲間には、オニプレートトカゲやトゲオアガマなどがいて、それらもここで紹介するビバリウムで飼育することが可能です。基本的な考え方として、樹上性の生物とは違い、平面的な活動を意識します。

また本章ではレオパとグランカナリアカラカネトカゲのビバリウムも掲載しています。
レオパは「キッチンペーパーの床材＋水入れ＋シェルター」というシンプルな構成のケージで飼育することができますが、床材を天然由来のものにするだけでもケージ内の印象が大きくかわります。

また、グランカナリアトカゲは荒野ではなく、岩場などに生息しています。グランカナリアトカゲも生体の地表での活動を意識することがフトアゴヒゲトカゲやレオパに共通しています。

本章で掲載している種

レオパ（ヒョウモントカゲモドキ）
フトアゴヒゲトカゲと同様に人気が高い種。
➡詳しくは96ページ

グランカナリアカラカネトカゲ
青い尾が美しいトカゲの仲間。
➡詳しくは100ページ

準　備

【ケージ等】
ケージ▶サイズ幅約90.0㎝×奥行約45.0㎝×高さ約60.0㎝／ガラス製
ライト等▶UV＆バスキング兼用ライト

【レイアウト用アイテム】
床材▶床材用の砂
骨格▶流木（大きいものを2つ）

生体に合わせて大きめのケージを用意

　ケージは生体に大きさに合わせて選ぶのがビバリウム制作の基本です。フトアゴヒゲトカゲはだいたい50㎝ぐらいになるので、ここでは幅が約90㎝という大きめのサイズのケージを用意しました。

荒野のビバリウムのレイアウト用アイテム

■ 自分のビバリウムに合った床材を選ぶ

　主に地表で暮らす種のビバリウムなので、床材選びが大きなポイントです。爬虫類用の床材としていろいろなタイプが市販されていて、それぞれに特徴があります。自分のビバリウムのイメージに合ったものを選びましょう。

床材用の砂
このフトアゴヒゲトカゲ用のビバリウムに使用。いかにも荒野らしい雰囲気に仕上がります。

ソイル
土を焼き固めたもので、一つひとつは丸い粒です。

ウッドチップ
木材を砕いたもので、さらにいろいろなタイプにわけられます。

手　順

手順❶ 床材を敷く

❶ケージに砂を入れる
　まずは床材の砂を敷くところからスタートします。ケージ内に砂を入れます。

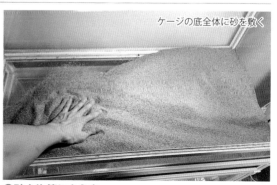

ケージの底全体に砂を敷く

❷砂を均等にならす
　砂を底全体に均等にならします。砂の厚さの目安は3cmぐらいです。

普段、よく観察する正面から
見て流木の置き方を決める

❶1つめの流木をセットする

ケージ内に骨格となる、一つ目の大きな流木をセットします。向きを考慮して位置を決めます。

❷2つめの流木をセットする

このビバリウムの骨格は2つの大きな流木です。1つめに続いて、2つめをセットします。

荒野のビバリウムの骨格作り

■素敵なアイテムを見つける

荒野という自然環境を再現するとなると、レイアウト用のアイテムは岩か木材の二択となります。そのため、多くのレイアウト用アイテムを使用しない荒野のビバリウムでは、いかに目的に合ったものを入手できるかが、仕上がりの完成度を左右する大きな鍵となります。

とくに流木は自然環境の演出に役立ち、かたちや大きさが豊富なので有効に活用したいアイテムです。

流木はいろいろなかたちのものがある。自分のイメージ合うものを見つけたい
➡詳しくは96ページ

流木は荒野以外のビバリウムにも使用できる
➡詳しくは100ページ

崩れる心配がないか、安定
性も確認する

❶全体のバランスなどを確認する

ひと通りの作業が終わったら全体のバランスなどを確認して、必要に応じて調整します。

➡完成したビバリウムは90ページ

扉を閉めるときに生体を挟
まないように気をつける

❷静かに生体を入れる

ビバリウムが完成したら静かに生体をケージに入れます。

メンテナンスと飼育のポイント

【メンテナンスのポイント】

■床材の交換

荒野のビバリウムは床材として天然由来のものを使用することが多いものです。天然由来の床材は1カ月に1回を目安に丸ごと交換します。なお、使用済みの床材の廃棄については素材などによって異なります。わからなければ住まいの自治体に確認しましょう。

■植物の管理

荒野のビバリウムによく合うのがエアプランツです。種にもよりますが、エアプランツは週に1〜2回を目安に霧吹きで水を与えるのが一般的です。

■ケージのメンテナンス

他のジャンルのビバリウムと同様にケージのガラスが汚れていたら、メラニンスポンジや柔らかい布などを使い、汚れを拭き取ります。

■排泄物の処理

他のジャンルのビバリウムと同様に排泄物はピンセットで拾うなどして、すみやかに処理します。

【飼育のポイント】

■生体の水分補給と温度の管理

ここで紹介しているフトアゴヒゲトカゲのビバリウムには水入れを設置していません。理由はフトアゴヒゲトカゲは水入れがあっても、その水を飲まないことが多いからです。水分は野菜や果物、昆虫などから補給します。ただし、これはフトアゴヒゲトカゲの場合で、本書で紹介しているレオパのビバリウムでは水入れを設置しています。

また、温度の管理については、基本的にフトアゴヒゲトカゲはUVライトとバスキングライトを設置しますが、そのようなライトは点灯していても性能が劣化していることがあります。パッケージなどに表記されている交換時期に応じて、定期的に交換します。

■食事の管理

荒野のビバリウムの対象となる種のなかで、フトアゴヒゲトカゲの食事は少し特別でコオロギなどの昆虫や市販の人工飼料の他に野菜や果物も食べます。野菜は小松菜、チンゲン菜、豆苗など、果物はバナナ、リンゴ、イチゴなどが与えてよいものとされています。判断に迷うようであれば、爬虫類専門店のスタッフに尋ねるなど、しっかりと確認しましょう。

また、本章で紹介しているレオパとグランカナリアカラカネトカゲはコオロギなどの昆虫が一般的な食事で、とくにレオパについては人工飼料をメインとする愛好家もいます。

ライト類は定期的に交換する

生体の口内を傷つけないようにコオロギは後ろ足を取って与えるとよい

ポイントを絞ってエアプランツを配置。手軽に制作できるシンプルなビバリウム

レオパのためにビバリウムを作るなら、シンプルなものが向いています。
ポイントを絞ってアイテムを配置しましょう。

正面の斜め上から

Close Up

エアプランツが自然環境の雰囲気を演出してくれる

シェルターはケージの左側の奥に配置している

■ ポイントを絞ってシンプルにまとめる

　人気の爬虫類であるレオパを対象としたシンプルなビバリウムです。準備が整っていれば、手軽に短時間で制作することができます。

　レオパは中東などに分布していて、まさに「荒野」といった地域に生息しています。ビバリウム制作では、そのイメージを再現することがポイントです。ここでは、そのための方法として植物にエアプランツを使用しました。量も必要以上には多く使用しないで、ポイントを絞っています。床材はキッチンペーパーでも飼育することは可能ですが、ソイルを使うとおしゃれに仕上がります。

> **同様の環境で
> 飼育できる他の仲間**
> ● ニシアフリカトカゲモドキ
> ※その他の同じ科属の爬虫類
> 　など

ポイント

■細長いケージ

ここで使用しているケージは背面と側面はプラスチック製、前面はガラス製です。前面は観音開きとなっています。奥行きが浅いために正面から観察しやすいのに加えて、メンテナンスもしやすく、使い勝手がよいケージです。

■シンプルにまとめる

レオパは木登りなどの立体的な動きよりも地表を移動する平面的な動きのほうが多い生物です。そのためたくさんのアイテムをレイアウトするよりも、ポイントを絞り、自由に移動できるスペースがあるビバリウムが向いています。

■おしゃれなアイテムを使う

爬虫類用の水入れはいろいろなタイプが市販されていますが、おしゃれなものを選ぶと完成度が高まります。また、一般的にレオパのケージにはシェルターをセットしますが、そちらも同様にイメージに合ったものを選びましょう。

水入れも雰囲気に合ったものを選ぶ

レオパを知る

「ベルアルビノ」というモルフ

■国内ではもっとも飼育数が多い爬虫類の一つ

レオパは愛称で英語名の「Leopard Gecko」（レオパードゲッコー）に由来します。正式な名前はヒョウモントカゲモドキといいます。家庭で飼育できる爬虫類としてはもっともポピュラーな種の一つで、国内にも多くの愛好家がいます。ブリーディングも盛んで、いろいろなカラーや模様のものがいます。

もともとはインド、あるいはイランなどの中東に分布していて、降雨量が少ない、荒れ気味の地域に生息しています。分類上はヤモリの仲間ですが、姿や生態は一般的なトカゲのイメージに近い種といえるでしょう。

夜行性で、夜に活発に活動します。

【生物データ】
- **種属**／爬虫類、トカゲモドキ科ヒョウモントカゲモドキ属
- **全長**／約20〜25cm
- **寿命**／10〜15年ほどとされている
- **食性**／動物食（昆虫が中心）
- **外見の特徴**／体表には肉食獣のヒョウのような模様があり、尾が太いのが大きな特徴である

- **飼育のポイント**／生息する地域の気候は、降雨量は少ないものの一定の湿度があるため、乾燥には注意が必要。また、温度は1年を通して28〜30度ぐらいを保つのが基本である。大人しい性格でハンドリングも可能だが、尾を自切（身を守るために自分で切り落とす行動）することがあるので、丁寧に扱いたい。

一般的に食事はコオロギなどの生きた昆虫（または冷凍した昆虫）で、専用の人工飼料も市販されている。

彩りとしてエアプランツを使用

　自然環境下のレオパは荒野に棲んでいます。そのため、レイアウトする植物は降雨量の少ない地域に分布するものがよく合います。

【ケージ等】
ケージ▶サイズ幅約46.8cm×奥行約31.0cm×高さ約28.2cm／プラスチック&ガラス(前面)製

【レイアウト用アイテム】
床材▶ソイル
骨格▶─(骨格となるような大きなアイテムは不使用)
植物▶エアプランツ(4種)
その他▶流木(小型)

【飼育用アイテム】
シェルター▶爬虫類用の岩を模したタイプ
水入れ▶爬虫類用の水入れ

【作業用アイテム】
固定用▶グルーガン(樹脂などを溶かして接着するツール:エアプランツと流木の接着に使用)

手 順

手順❶ 床材を敷く

このビバリウムはシンプルなのでケージの上部ははずさずに作業できる

❶床材のソイルを敷く
　ケージの底に床材のソイルを敷きます。量は底全面が薄く覆われるぐらいが目安です。

Check!

床材はキッチンペーパーも可

　レオパに使用する床材について、キッチンペーパーでも飼育は可能です。ただし、見た目が美しくありません。

レオパのビバリウムには自然由来のものを使いたい

手順❷ シェルターと流木をセットする

❶シェルターをセットする
　シェルターをセットします。位置はケージ内の左奥を選びました。

❷流木をセットする
　流木をセットします。このシェルターと流木でおおまかな雰囲気が決まるので位置は慎重に考えましょう。

手順③ メインの植物をセットする

❶メインの植物を流木にセットする

今回、用意した植物（エアプランツ）のなかでは、メインとなる大きなものを流木にセットします。

Check!
グルーガンで固定する

ここではメインの植物はグルーガンを使用して流木に固定しました。

エアプランツの根と流木を接着した

手順④ サブの植物などをセットして仕上げる

サブの植物はケージ内の彩りとして要所に配置

❶サブの植物をセットする

アクセントとなるサブの植物（エアプランツ）をセットします。

Check!
セットの方法は状況に応じて判断する

植物は接着するだけではなく、いろいろな方法でセットします。ここではシェルターへのセットはグルーガンで接着し、他のものは一つは流木に挟み、もう一つはそのまま床材に置きました。

エアプランツは床材にそのまま配置してもよい

水入れは手前にセットすると水の交換がしやすい

❷水入れをセットして仕上げる

水入れをセットします。その後、全体的な見た目のバランスを確認して必要に応じて調整したら完成です。

→完成したビバリウムは96ページ

NG 高く積まない

レオパは体長が15〜20cmぐらいで、地表を中心に活発に移動します。そのため、小さなアイテムをたくさん配置するような繊細なビバリウムはあまり向きません。ケージ内にはレオパが自由に動けるような一定のスペースを残しておくのが基本です。

また、レオパが登って崩れてしまうことがないように、アイテムは高く積まないように気をつけましょう。

メンテナンスと飼育のポイント

【メンテナンスのポイント】
■エアプランツへの水やり
使用するエアプランツの種類にもよりますが、一般的にエアプランツには週に1〜2回を目安に霧吹きで水を与えます。

【飼育のポイント】
■食事の管理
床材にソイルを使用した場合、人工飼料は落したときにソイルが付着してしまいます。ソイルを使用するなら冷凍を含めたコオロギなどの昆虫がよいでしょう。

観察しやすい細長いケージを使い、流木を立体的に組み合わせる

ビバリウム制作はケージ選びからはじまります。
小型の生体は細長いケージを使うと、普段の様子を観察しやすくなります。

正面

Close Up

真上から見たケージ内の左側の様子。生体の鑑賞のしやすさを考慮してレイアウト用アイテムは奥のほうに寄せている

真上から見たケージ内の右側の様子。こちらのエリアは流木を中心にまとめている

シェルターとして塩ビ管のジョイント部分を利用

同様の環境で飼育できる他の仲間

● ニホントカゲなど（※ただしニホントカゲはジャンプ力あるのでフタは必須）

■いろいろな流木を用意する

　グランカナリアカラカネトカゲは大きさが15～20cmぐらいで、そこまで大きなケージは必要ありません。奥行が深いと、正面から見たときに陰になる部分が多くなるため、ここでは生体の観察のしやすさを考慮して、幅に対して奥行が浅いケージを使用しています。

　また、グランカナリアカラカネトカゲは地中に潜ることもあるので、ウッドチップなどの床材を利用したほうがよいとされています。ここでは保湿性の高さと見た目の美しさを考慮して、パインバーク（松樹皮由来のタイプ）を敷き詰めています。

　陸に棲む仲間のレイアウトは平面的になる傾向がありますが、かたちや大きさがさまざまな流木をバランスよく配置して、立体感を演出しているのもポイントです。

ポイント

■ 細長いケージ

ここで使用しているのは「幅に対して奥行が浅い」という細長いタイプのケージです。正面から観賞する場合に生体を見つけやすいというメリットがあります。

■ 小さめの水入れ

水入れのように生体が元気に暮らすために欠かせないレイアウト用アイテムもデザインにこだわると完成度が高まります。ここではケージの奥行が浅く、生体も大きくはないので、小さめでおしゃれな水入れを使用しています。

■ 温度の傾斜をつける

このビバリウムは右側にバスキングライトを設置してケージ内の温度に傾斜をつける予定です。また、同様に右側に生体の日光浴のためにUVライトも設置します。植物を幅広く植えても乾燥などによって枯れてしまう可能性が高いので、植物は反対側のコーナー付近にアクセントとしてセットしています。

グランカナリアカラカネトカゲを知る

■ 光沢がある青い尾が美しい小型のトカゲ

グランカナリアカラカネトカゲはアフリカ大陸の北西に浮かぶカナリア諸島のグランカナリア島（スペイン領）に生息しているトカゲの仲間です。別名をムスジカラカネトカゲといい、そちらもグランカナリアカラカネトカゲと同様にポピュラーな呼び名となっています。

なお、カナリア諸島は乾燥気味の温暖な亜熱帯気候で、年間の最高気温は20〜30度、最低気温は15〜21度ぐらいと1年を通じて快適に過ごせる気候です。

尾が青系の色をしているのが大きな特徴の一つで、円筒形の胴は細長く、四肢が短い体つきをしています。それほど大きくはならず、丈夫なことなどから、一般的に飼育しやすい爬虫類とされています。

【生物データ】
- ●種属／爬虫類、トカゲ科カラカネトカゲ属
- ●全長／約15〜20cm
- ●寿命／5〜10年ほどとされている
- ●食性／動物食傾向の強い雑食（昆虫類などの他に果実なども食べる）
- ●外見の特徴／光沢がある、青系の色の尾が美しく、最大の特徴となっている
- ●飼育のポイント／温暖な亜熱帯気候の地に分布している生物で、温度と湿度の管理には注意が必要となる。

  湿度は生息地は乾燥気味の地であるが、軽く湿った土壌にいることもあり、ケージ内に乾燥した部分と湿った部分があるのが理想。

  一般的に食事はコオロギなどの生きた昆虫（または冷凍した昆虫）がメインである。

塩ビ管のジョイント部分はホームセンターなどで購入可能

床材はウッドチップの一つ、パインバーク（松樹皮由来のタイプ）を使用

塩ビ管をシェルターとして使用

　陸で暮らす生物は、ストレスを与えないために身を隠すことができるシェルターがあったほうがよいとされています。ここではノスタルジックな空き地の土管の雰囲気をイメージして、塩ビ管のジョイント部分を使用しています。

【ケージ等】
ケージ▶サイズ幅約60.0㎝×奥行約17.0㎝×高さ約25.4㎝／ガラス製
ライト等▶バスキングライト／UVライト

【レイアウト用アイテム】
床材▶ウッドチップ（松樹皮由来のタイプ）
骨格▶流木／溶岩石
植物▶観葉植物
その他▶塩ビ管のジョイント部分（シェルターとして使用）

【飼育用アイテム】
水入れ▶爬虫類用の小型の水入れ

手　順

手順❶ 床材を敷き、骨格を作る

床材の厚さは3cmぐらい

❶床材を敷く
　まずはベースとなる部分を整えます。ウッドチップを底全体に敷き詰めます。

Check!

保湿性に優れた床材を使用

　ビバリウムに使用できる床材はさまざまなタイプが市販されています。特徴や見た目に応じて適した床材を選ぶのもビバリウム制作のポイントの一つです。ここでは湿度の保ちやすさを考慮してパインバークを選びました。

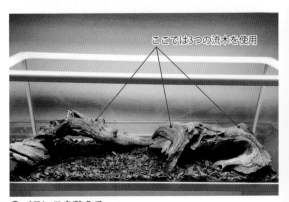

ここでは3つの流木を使用

❷流木をセットする
　続いてビバリウムの骨格となる大きなアイテムをセットします。ここでは流木を骨格として使用しています。

❸バランスを整える
　流木をセットし終えたら、全体を確認して、必要に応じて位置をかえるなどしてバランスを整えます。

手順❷ シェルターをセットする

ここでは溶岩石で流木
の仮の固定をしている

❶シェルターをセットする

　シェルターとして使用する塩ビ管のジョイント部分をセットします。

Check!

イメージに合ったアイテムを探す

　ここでは人間の大きさで考えた場合の土管のようなイメージがユニークでおしゃれと考え、塩ビ管を使用しました。もちろん、生体が身を隠せるという実用性もあります。

塩ビ管は生体が身を
隠す場所となる

手順❸ 植物などのレイアウト用アイテムをセットして仕上げる

❶植物をセットする

　101ページで紹介したように、ここではケージ内の環境を考慮して、植物はコーナーにセットします。

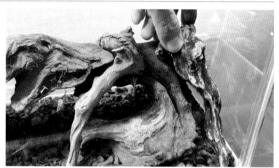

❷小さい流木をセットする

　見た目の美しさを考慮して、バランスよく小さい（細い）流木をセットします。

溶岩石を下に敷いて
流木の高さを出している

❸溶岩石をセットする

　溶岩石をセットします。溶岩石は流木を固定したり、流木の高さを調整するのにも利用します。

→完成したビバリウムは100ページ

セットしたアイテムがしっかりと
固定されていることも確認する

❹水入れをセットする

　水入れをセットして、全体的な見た目のバランスを確認して仕上げます。

メンテナンスと飼育のポイント

【メンテナンスのポイント】

■衛生面のメンテナンス

　基本的には排泄物はピンセットで回収します。また、水入れの水は定期的に交換して、ケージ内の霧吹きも1日1回を目安に定期的に行います。

【飼育のポイント】

■食事の管理

　飼育スタイルにもよりますが、小さいサイズの生きたコオロギをケージ内に放すのが一般的な給餌の方法です。

　ここでは爬虫類や両生類の愛好家の方々が作成した荒野に棲む仲間のビバリウムを制作者と本書の監修者のコメントともに紹介します。それぞれに個性があり、生体の暮らしやすさも考慮した工夫が施されています。

アルマジロトカゲのビバリウム

【ビバリウムデータ】

対象▶アルマジロトカゲ

ケージ▶サイズ幅約90.0cm×奥行約46.5cm×高さ約47.5cm／ガラス製

ライト等▶可視光線ライト／UVライト（2種）／バスキング＆UV兼用ライト

床材▶ウッドチップ（天然ヤシの実由来のタイプ）／床材用の砂（天然クルミ由来のタイプ）

骨格▶流木（複数種）／コルク樹皮／市販のバスキングスポット用の石

植物▶人工植物

飼育用アイテム▶爬虫類用の水入れ

【本書の監修者のコメント】

■特に中央の樹木のオブジェがポイント

　生体の特徴をしっかり考慮したうえで、荒野の雰囲気をうまく醸し出しているオシャレなビバリウムに仕上がっていると感じました。特に中央に配置している「樹木」のオブジェはうまく工夫されており真似したいと思います。

【制作者】

ゆるゆる爬虫類　あみ

【制作者のコメント】

「すこし臆病なトカゲなので、シュエルターをはじめとする物陰に隠れる、そこから出る、といった動きが簡単で、動線がなめらかになるように意識して制作しました」

ゲイリートゲオアガマのビバリウム

【ビバリウムデータ】

対象▶ゲイリートゲオアガマ

ケージ▶サイズ幅約90.0cm×奥行約45.0cm×高さ約45.0cm／ガラス製

ライト等▶バスキングライト／UVライト

床材▶床材用の砂（天然クルミ由来のタイプ）

骨格▶レンガ／スライスロック（平らにカットした岩）／天然岩

レイアウト用アイテム▶市販のバスキングスポット用の石

飼育用アイテム▶爬虫類用の水入れ

【制作者】

爬虫類倶楽部（中野店）

【制作者のコメント】

「レンガとスライスロックを組み合わせてバスキングスポットとシェルターがわりに使用しています」

【本書の監修者のコメント】

■岩場感満載でハイセンス

　上の写真はスライスロックとレンガをうまく活用して、複数のシェルターの役割とバスキングスポットの役割を果たすという岩場感満載のセンスあるビバリウムに仕上がっていると思います。また下の写真のスタイロフォームを活用したバックパネル兼シェルター（隠れ家）兼バスキングスポットのレイアウトには感心しました。少しハードルが高いように感じますが、チャレンジしたいビバリウム制作の一つです。

リッジテールモニターのビバリウム

【ビバリウムデータ】

対象▶リッジテールモニター

ケージ▶サイズ幅約90.0cm×奥行約45.0cm×高さ約45.0cm／ガラス製

ライト等▶バスキングライト／UVライト

床材▶ウッドチップ（天然ヤシガラ由来のタイプ）

骨格▶レンガ／スタイロフォーム（ポリスチレン樹脂で作られた断熱材）／セメント

飼育用アイテム▶爬虫類用の水入れ

【制作者】

爬虫類倶楽部（中野店）

【制作者のコメント】

「バックパネルをスタイロフォームで形成し、よりリアルさを出すためにセメントで表面を塗装して岩が積み重なるような岩壁を再現しました。バックパネルがシェルターやバスキングスポットがわりになっているのでその他のレイアウトアイテムは一切置いていません」

Collection of morph ―モルフ集―

爬虫類・両生類にはいろいろな体色や模様がある種もいて、レオパはその代表格です。レオパのビバリウムはシンプルなので、入門者にもおすすめです。お気に入りのタイプを見つけて、ビバリウム制作にチャレンジしましょう。

タンジェリントレンパー

アトミックGG

パイドギャラクシー

ブラックナイト

カルサイト

バンディット

レーダーエニグマ

スーパーマックスノー（パラドックス）

ブラッドマンダリン

サイクロン

スノーホワイトナイト

スーパーカルサイト（パラドックス）

第4章

水辺に棲む仲間の
ビバリウム

水辺に棲む仲間のビバリウムは水場を設けるのが基本です。
床材で高低差をつけて低いところに水を張る方法や
底全体に水を張って流木などを陸場とする方法があり、
状況によっては水入れを設置するだけでもOKです。
まずは仕上がりをイメージするところからはじめましょう。

ケージ内に水場を設けて観葉植物やコケなどで彩りを添える

水辺のビバリウムは、一見、複雑なように見えても手軽に制作することができます。
植物は部分的にレイアウトするのがポイントです。

■どちらかというと平面的で難易度は易しめ

　水辺のビバリウムの対象は水場が近くにあるところに生息している生物で、基本的にケージ内に水場を設けることになります。「作るのが難しい」と思うかもしれませんが、森林のビバリウムにくらべると平面的で、使用するアイテムが多くはないことなどから難易度は高くありません。本章ではオキナワシリケンイモリとミヤコヒキガエルのビバリウムを手順とともに紹介していますが、どちらも手軽に制作することができます。また、その2種はどちらも沖縄県に分布していますが、近縁種が本州などに生息しています。つまり、日本の気候に適した生物ということで温度や湿度の管理もシビアではなく、飼育しやすいのも特長です。

自然環境とそれを表現するポイント

沖縄の水辺の様子。木々が青々と生い茂っていて、とても美しい光景が広がっている

イモリの仲間は水辺が近い岩場にもいる

水辺には岩などにコケが生えている。この様子も再現したい

■沖縄の水辺を参考にする

　オキナワシリケンイモリとミヤコヒキガエルは沖縄県の川や池、あるいは水辺が近くにある森林や草むらが、本来の自然環境です。

　旅行に行ったことがあれば、そのときに見た風景がよい教科書になりますし、インターネット上にもたくさんの沖縄県の風景写真は公開されているので、それらを参考にするのもよいでしょう。

　レイアウト用のアイテムのなかで、とくに意識したいのがコケです。コケは水辺に生えていることが多いので、水辺のビバリウムにはコケがよく合います。ひと口にコケといってもいろいろな種類があるので、自分のイメージに合ったものを選びましょう。状況によっては複数種のコケを組み合わせることによって、より美しいビバリウムに仕上がることもあります。

水辺に棲む仲間の特徴と飼育環境のポイント

■水場をどのように
設置するかが大きな分岐点

　水辺のビバリウムの陸と水場の割合は対象の種によって異なります。一般的には水場をそこまで大きくする必要はありません。本章で紹介しているなかではカエルの仲間よりもイモリの仲間のほうが水場を広く設けますが、それでも比率は水場よりも陸のほうが大きいものもあります。

　また、ケージ内の水場の設け方としては、「ケージ内に高低差をつけて低いところに水を溜める」、あるいは「大きめの流木を陸として底全体に水を張る」などの方法があり、状況によっては「種やイメージに合った水入れを設置する」でもOKです。どれを選ぶかによって仕上がりが大きくかわるので、慎重に考えて決めましょう。

水が汚れていると美しくないので、水辺のビバリウムはより細やかなメンテナンスが必要である

高低差をつけて水場を作り、雰囲気に合うコケをバランスよくセット

ここでは高低差をつけて水場を作ったオキナワシリケンイモリのビバリウムをベースに水辺のビバリウムの作り方を紹介します。

右斜め上から

Close Up

自然環境を意識してコケをバランスよくレイアウト

水入れを使わずにケージ内に高低差をつけて水場を作った

■ケージ内に高低差を設けて水場を作る

複雑に見えるかもしれませんが、比較的、手軽に制作可能なビバリウムです。

オキナワシリケンイモリのビバリウムに必要な水場については、水入れを使用しないで、軽石などの床材を用いてケージ内に高低差を設け、低い部分に水を張って、そこを水場としています。このつくりが大きなポイントの一つで、本書で掲載している他のジャンルのビバリウムとはかなり違った雰囲気に仕上がっています。

同様の環境で飼育できる他の仲間

● アカハライモリ
※ その他の同じくらいのサイズのイモリの仲間など

ポイント

■ 植物の根元を隠す

観葉植物はビニールポットごと使用しています。コケなどで隠しているので違和感がありません。

■ 2種類のコケを使用

コケは自然環境下では湿ったエリアに生えていることが多く、水辺のビバリウムによく合います。ここではハイゴケ、アラハシラガゴケという2種類を用意して、ハイゴケは陸の部分の広い範囲、アラハシラガゴケは流木の縁を中心にレイアウトしています。これによって、より観賞価値が高いビバリウムに仕上がりました。

左の写真の赤丸のところがアラハシラガゴケである

水辺のビバリウムのポイント

■ 水場は水入れでもOK

基本的に水辺のビバリウムは水場が必要ですが、それは水入れでもOKです。水入れの広さや深さは対象の種に応じます。

また、水入れはいろいろなものが市販されているので、イメージに合ったおしゃれなものを選ぶのもポイントの一つです。

■ コケは状況に応じてレイアウトする

水辺のビバリウムにはコケがよく合いますが、その配置は対象の種を考慮する必要があります。たとえば本章で紹介しているミヤコヒキガエルは体のサイズが大きく、陸の部分を活発に移動するため、底全面に敷き詰めるとぼろぼろになってしまいます。このような場合はポイントを絞って配置します。

水場は水入れでもよい。自分のイメージに合ったものを選ぶことが大切

➡写真のビバリウムは118ページ

コケが生体に踏まれてぼろぼろになる可能性がある場合はポイントを絞って配置する

➡写真のビバリウムは118ページ

■飼育しやすい日本の固有種

　本州や四国、九州の水田や池などに棲むアカハライモリの近縁種で、沖縄県に分布しています。アカハライモリと同じように日本の固有種です。

　アカハライモリとの違いの一つは尾が細長いこと。シリケンイモリという名前は、その尾が剣を連想させること（尻剣）に由来するといわれています。

　オキナワシリケンイモリを含め、イモリの仲間は水中の水草に卵を産みつけます。ただ、自然環境下では近くに水場がある草むらなどでも見かけることがあり、完全な水生種ではなく、半水生種とされています。

【生物データ】
- ●種属／両生類、イモリ科イモリ属
- ●全長／約14～18㎝
- ●寿命／20年ほどとされている
- ●食性／動物食（昆虫の幼虫などが中心）
- ●外見の特徴／お腹はオレンジ色で、体側にオレンジ色のライン、背中や体側には黄色の斑点が入る。体色や模様の入り方は固体差がある

- ●飼育のポイント／1年を通して気温が高い沖縄県に分布しているので、国内でも地域によっては、とくに寒い時期の温度管理に注意が必要である。ただ、日本の固有種で、海外に分布している種にくらべると日本の気候に合っていて、性質も強健なことなどから飼育がしやすい種とされている。性格もおっとりしたところがあり、よく動くので鑑賞に適している。食事は冷凍アカムシかカメ用の配合飼料が入手や管理がしやすくてよい。

水辺のビバリウムの対象

■水辺に棲むカエルもビバリウムの対象になる

　近縁種であるアカハライモリもここで紹介しているビバリウムで飼育することができます。また、本章ではミヤコヒキガエルのビバリウムも紹介しています。

本章で掲載している種

ミヤコヒキガエル
オキナワシリケンイモリと同様に沖縄県に分布している。まん丸とした姿がかわいらしい。
➡詳しくは118ページ

MEMO

両生類は子どもの頃はエラで呼吸する

　両生類とは幼時はエラで呼吸して水中に棲み、成長すると肺と皮膚で呼吸して、水場の近くの陸地に上る生物です。両生類の種としてはイモリやカエル以外ではサンショウウオの仲間が広く知られています。なお、イモリとサンショウウオは繁殖方法が違い、イモリは体内受精、サンショウウオは体外受精です。

■観葉植物とコケ、赤玉土は複数種を準備

　観葉植物、コケ、床材の赤玉土はそれぞれ複数種、準備します。いずれも1種類だけでもビバリウムを制作することはできますが、種類の違うものをレイアウトすることで見た目の変化に富み、観賞価値が高くなります。

【ケージ等】
ケージ▶サイズ幅約58.0cm×奥行約39.2cm×高さ約32.0cm／プラスチック＆ガラス（前面）製
【レイアウト用アイテム】
床材▶軽石／赤玉土（粒の大きさ別に大と小の2種）
骨格▶流木
植物▶観葉植物（複数種）／コケ（ハイゴケ、アラハシラガゴケ）

ケージはサイズやかたちを考慮してハムスターなどの小動物にも使えるものを使用

植物の種類は対象の種の生息域の自然環境を考慮して決める

コケは2種を準備。1種のみで構成するよりも完成度が高まる

赤玉土の大粒。小粒のものと合わせて使い、より自然環境に近い土壌に仕上げた

水辺のビバリウムのレイアウト用アイテム

■水入れもデザイン性が高いものを

　水辺のビバリウムで必須の水場について、オキナワシリケンイモリのビバリウムではケージ内に陸になる部分と水を張る部分をわけ、ケージ自体を水を入れる容器として使用していますが、その他には水入れを設置するという方法もあります。

➡写真のビバリウムは118ページ

手　順

手順❶ 骨格を作る

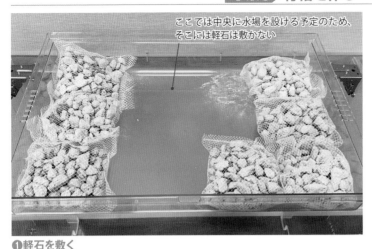

ここでは中央に水場を設ける予定のため、そこには軽石は敷かない

❶軽石を敷く

　まず仕上がりをイメージし、次にそのイメージに準じてケージの底に軽石を敷きます。

流木を動かしながら、その位置や向きを決める

❷流木をセットする

　軽石の上に流木をセットします。この流木の位置や向きによって、ビバリウムの印象は大きくかわるので慎重に決めます。

Check!

陸と水場の場所を決める

　オキナワシリケンイモリの場合は陸と水場の割合は陸が多めで、だいたい7対3ぐらいの比率で考えます。ここでは軽石をケージ内で動かして具体的な仕上がりのイメージを固めていきました。

Check!

ネットのまま使用

　軽石はネット入り分包タイプが市販されています。そのタイプはネットに入ったままの状態で使うとスムーズに作業が進められます。

水辺のビバリウムの骨格作り

■いろいろな角度で確認する

　ビバリウム制作ではレイアウト用アイテムの位置や向きも重要です。位置や向きを決めたら、少し下がってみたり、斜め上や横からなど視点をかえて、全体的なバランスを確認しましょう。

主要なアイテムをセットして真上から見たところ
➡写真のビバリウムは118ページ

植物はケージ内の奥のほうに
セットするのが基本

❶植物をセットする

　軽石の上に観葉植物をセットします。オキナワシリケンイモリの観察
のしやすさを考慮してセットする場所を選びます。

Check!

臨機応変に対応する

　ビバリウム制作では事前の準備
と作業に取りかかる前にイメージ
を固めることと同様に、作業を進
めるなかでの臨機応変な対応も重
要です。ここでは観葉植物を実際
に配置して確認したところ、バラ
ンスの問題があり、用意した3つ
のうちの1つを使用しませんでし
た。

❷大粒の赤玉土を敷く

　軽石の上に大粒の赤玉土を
敷きます。目安は軽石が敷か
れている部分の全面をうっす
らと大粒の軽石が覆うくらい
です。

小粒の赤玉土は水場となる
部分にも敷く

❸小粒の赤玉土を敷く

　底全面に小粒の赤玉土を敷き詰めます。大粒の次に小粒を敷くと、大
粒の隙間を小粒が埋めてくれます。

Check!

高低差をつける

　このビバリウムは中央周辺が水
場となります。その水場は陸とな
る部分よりも高さを低くします。

コケは流木の縁と水場の
縁で種類をわけるとよい

❶コケをセットする
陸の部分にコケをセットします。複数種を使用すると、より実際の自然環境に近づきます。

セットしたものが
崩れないように水
は静かに入れる

❷ケージ内に水を入れる
ケージに水を入れます。水場の水の深さは2～3cmぐらいが目安です。

手順❹ 全体を確認して仕上げる

水場の水の深さは
2～3cmぐらい

❶全体を確認して調整する
ひと通りの作業が終わったら、全体のバランスを確認して、必要に応じて調整します。

→完成したビバリウムは110ページ

このサイズのケージなら
成体は4～5匹が目安

❷オキナワシリケンイモリを入れる
生体を静かに入れます。フタを閉じるときに生体やアイテムを挟まないように気をつけましょう。

水辺のビバリウムの仕上げ

■観察する位置を意識する

ビバリウム制作では、そのビバリウムを普段よく観察する位置を意識することが大切です。極端にいうと、裏から見た場合は美しくなくてもよいともいえます。

水辺のビバリウムは上から観察することが多いのが特徴です。

上から見ることが多いビバリウムは、その位置から仕上がりを確認する

→写真のビバリウムは118ページ

メンテナンスと飼育のポイント

【メンテナンスのポイント】

■水の交換

ケージ内を清潔に保つために水は定期的に交換します。交換の時期は1週間に1回が目安です。水道水を使用してもOKですが、カルキを抜くために市販のカルキ抜きを使用すると安心です。

1〜2週間に1回を目安に水は定期的に交換する

1日1回を目安にコケに霧吹きする

■底に溜まった水の処理

水入れを設置したビバリウムでケージの底に水が溜まっていたら、スポイトを使うか、サイフォンの原理を利用して熱帯魚用のビニールチューブで排水します。

■排泄物の処理

排泄物を見つけたら、ピンセットで拾うなどして、すみやかに処理します。

■床材の交換

ウッドチップなど床材を利用した場合は、1カ月を目安に床材を丸ごと交換するのが基本です。

■植物の管理

コケは1日に1回を目安に霧吹きで水を与えます。また、枯れている葉や伸びて姿が乱れている植物はカットして整えます。生体に踏まれるなどして枯れてしまったら、新しいものに交換します。

■ケージのメンテナンス

ケージのガラスは汚れていたら柔らかい布など使って掃除します。

【飼育のポイント】

■温度の管理

他のジャンルのビバリウムと同様にケージ内の温度は対象の種に応じて管理します。

なお、両生類の仲間には自然環境下では冬眠をするものもいます。本章で紹介しているオキナワシリケンイモリもミヤコヒキガエルも近縁種が本州にいますが、とくに冬に気温が下がる地域に棲んでいるものは冬眠をします。ただ、飼育環境下では冬眠をさせるのは難しいこともあり、一定の温度を保って冬眠をさせないのが一般的です。

■食事の管理

本章で紹介しているオキナワシリケンイモリとミヤコヒキガエルはどちらも動物食です。

ミヤコヒキガエルは生きたコオロギを中心とするのがよく、ピンセットで与える他、自然環境のようにケージ内に放してもOKです。

一方、オキナワシリケンイモリは、この種ならではのポイントがあり、市販のカメ用の配合飼料をメインとすることができます。カメ用の配合飼料はピンセットで与えますが、慣れていない個体はピンセットから食べないことがあります。その場合は個体を別容器に移して、冷凍アカムシなどを与えるとよいでしょう。

一般的にオキナワシリケンイモリは冬眠をさせない

ケージ内の水場に冷凍アカムシを放す方法だと、水がすぐに汚れてしまうので、別の容器に移して与えるとよい

ミヤコヒキガエルの生態を考慮して 観葉植物やコケはポイントを絞って配置

ミヤコヒキガエルは丈夫で活発な生物です。
崩されてしまう可能性があるので植物は適度に配置しましょう。

正面の斜め上から

Close Up

コケはポイントを絞って配置する

ミヤコヒキガエルはシンプルなレイアウトでも飼育できるが、植物をセットすると見た目に美しくなる

**同様の環境で
飼育できる
他の仲間**
- マダライモリ
- カスミサンショウウオ

※その他の主として水辺に棲む両生類の仲間など

■ 植物をバランスよく配置する

　ミヤコヒキガエルは大きいものだと10cmを越えることもある大きめのカエルの仲間です。ずんぐりとしていて、手にするとずっしりと重たさを感じます。活動量が多いこともあり、成体を数匹、一つのケージで飼育すると、せっかく観葉植物やコケをセットしても踏まれてボロボロになってしまいます。そのため、植物はカエルのサイズや植物自体の丈夫さを考慮することが重要です。また、配置する植物のボリュームについても、多すぎるのはふさわしくなく、適切なボリュームでバランスよく配置します。

MEMO
カエルはお腹から水分を補給する

　ミヤコヒキガエルを含め、基本的にカエルの仲間は口からではなく、お腹の皮膚から水分を補給します。そのため、カエルの仲間のビバリウムでは水入れが必須です。水入れはカエルがゆっくりと浸かることができるサイズを選びましょう。

ポイント

■シェルターに植木鉢を利用

　ミヤコヒキガエルが身を隠すことができるシェルターとして、ここでは黒いプラスチック製の植木鉢を利用しています。これはアイデアを活かしたリーズナブルなアイテムです。なお、違和感をなくすために赤玉土を植木鉢の中まで敷いています。

植木鉢をシェルターとして使用

■水入れにもこだわる

　ミヤコヒキガエルに欠かせない水入れは、十分な広さと適切な深さに加えて、見た目の美しさも意識しましょう。

■コケはポイントを絞って配置する

　コケは広い範囲に敷き詰めると、ミヤコヒキガエルの活動によってボロボロになってしまいます。あまり多くは使わずに、ポイントを絞って配置します。

ミヤコヒキガエルを知る

背のラインが黄色い個体

背のラインがオレンジ色の個体

背のラインが黄色で太い個体

■いろいろな色と模様の個体がいる

　ミヤコヒキガエルはロシアや中国の東部、朝鮮半島などに分布するアジアヒキガエルの亜種で、名前が示すように宮古諸島（沖縄県）に生息しています。日本本土に分布するニホンヒキガエルよりも小型です。

【生物データ】
- ●種属／両性類、ヒキガエル科ヒキガエル属
- ●全長／約5〜10cm
- ●寿命／10年ほどとされている
- ●食性／動物食（ミミズやアリなどの地表性の小動物が中心）
- ●外見の特徴／目が大きく、かわいらしい表情をしている。カラーリングや模様はいろいろなタイプがいて、外見に個性がある。
- ●飼育のポイント／宮古諸島は年間平均気温が23度ぐらいで、最低でも16度ぐらい。平均湿度は80％ぐらいという亜熱帯海岸性気候なので、そのように環境を整える。幅60cm×奥行40cm×高さ40cmのケージなら3〜4匹で飼育するのがよい。
　食事はコオロギなどの生きた昆虫をケージ内に放すのが一般的である。

【ケージ等】
ケージ▶サイズ幅約58.0cm×奥行約39.2cm×高さ約32.0cm／プラスチック＆ガラス（前面）製

【レイアウト用アイテム】
床材▶軽石／赤玉土
骨格▶―（骨格となるような大きなアイテムは不使用）
植物▶観葉植物（ポトス：容器としてプラスチック製の植木鉢も用意）／コケ（種類の違うものを用意）

ポトスを使用する

　ポトスは比較的丈夫な植物でミヤコヒキガエルのビバリウムに向いています。なお彩りを添えるものとしては人工植物でもOKです。

手　順

手順❶▶軽石を敷き、植物を配置する

作業しやすいようにケージの上部をはずす

❶軽石を敷き、シェルターの位置を決める

　まずは基礎となる部分を整えます。水はけをよくするために軽石を底に敷き、シェルターの位置を決めます。

Check!

軽石は一部だけネットから出して使用

高さを調整する

　ネットに入った状態で売られている軽石は、そのままネットから出さずに配置してもよいでしょう。ただし、ここでは水入れを置く場所の下の軽石は薄くしたかったので、ネットから出して敷き詰めました。

生体の大きさによっては、植物が踏み潰されてしまうケースがあるので要注意

❷植物の配置を決める

　続いて植物の配置を決めます。植物は生体のサイズを意識しつつ、葉の大きさや丈夫さを考慮して選びます。

❸水入れを設置する

　水入れを設置します。水入れは見た目の美しさも考慮して選びます。

手順②　赤玉土を敷き、植物をセットする

❶赤玉土を敷く

　ケージ内の陸となる部分に赤玉土を敷き詰めます。ここで植物をしっかりとセットします。

Check!

植物は鉢から出す

　植物は鉢から出してセットします。状況にもよるものの、鉢に入った状態のままだと、見栄えがよくはなく、植物の健康に悪い影響を与える可能性があります。

手順③　コケをセットして仕上げる

ひと通りの配置をしたら全体のバランスを確認して、必要に応じて調整する

ケージの上部の取り付け時やフタの開閉時には植物や生体を挟まないように気をつける

❶コケをセットする

　状況に応じてコケをセットします。ここでは「体に付着した土などを軽く落としてから水場に入ってほしい」という気持ちで水入れの周りに配置。

❷上部を取り付けて生体を入れる

　ケージの上部を取り付けて、生体を入れます。

➡完成したビバリウムは118ページ

メンテナンスと飼育のポイント

【メンテナンスのポイント】
■植物の手入れ
　植物に水を与えるために1日1回を目安に霧吹きをします（霧吹きはケージ内の湿度を一定に保つのにも役立ちます）。また、植物が伸びすぎたらカットして、植物枯れてしまったら新しいものに植え替えます。

【飼育のポイント】
■生体の水分補給と湿度の管理
　水入れの水は1日1回を目安に交換します。また、ケージの底面に水が溜まったら、水入れを取り出し、スポイトなどで排水します。

ひと口に「水辺に棲む仲間のビバリウム」といってもビバリウムのタイプはさまざまで、なかには樹上性のビバリウムに似たものもあります。ここでは制作者と本書の監修者のコメントともに水辺のビバリウムを紹介します。

グリーンイグアナ トランスルーセント レッドのビバリウム

【本書の監修者のコメント】

■ダイナミックで迫力満点

　大きな窓枠に合わせてケージを制作。大きな木の枝をたくさん使用し、ダイナミックにレイアウトされています。迫力があってかっこいいビバリウムです。イグアナの仲間は木に登ったり、水場で泳いだりするので、イグアナの生態をしっかり考慮したつくりになっていると思います。

【ビバリウムデータ】

対象▶グリーンイグアナ トランスルーセント レッド
ケージ▶サイズ幅約190.0cm×奥行約70.0cm×高さ約190.cm（自作）／木製＆ガラス製
ライト等▶バスキングライト／UVライト
床材▶ウッドチップ（天然ヤシの実由来のタイプ）
骨格▶コルクブランチ／樹木の枝
飼育用アイテム▶コンテナボックス（水入れとして使用）

【制作者】
爬虫類倶楽部（中野店）

【制作者のコメント】
「窓枠をそのまま活かして自作した超大型ケージを使用。大型のイグアナが乗っても崩れないような太さの太いコルクブランチや樹木の枝を組み合わせて、立体活動が可能なレイアウトに仕上げています」

アカハライモリのビバリウム

【ビバリウムデータ】

対象▶アカハライモリ

ケージ▶サイズ幅約31.5㎝×奥行約31.5㎝㎝×高さ約33.0㎝／ガラス製

床材▶熱帯魚用の砂利

骨格▶流木（三つ）

植物▶コケ（2種）／水草

レイアウト用アイテム▶炭化コルクボード（バックパネルとして使用）

【制作者】

RAFちゃんねる 有馬
（本書の監修者）

【制作者のコメント】

「水場の割合を増やしたビバリウム。自然環境下のアカハライモリをよく見かける湿地帯や小さな池などの「止水域」を・イメージして制作しました。流木とコケなどで構成したシンプルな和風ビバリウムです。アカハライモリはオキナワシリケンイモリなどと違い、より水場の近くに棲んでいるので、水場の割合を増やしています」

生体にネガティブなことがないのを前提に
好きな爬虫類や両生類を飼って
好きに楽しんでもらいたい

本書の締めくくりは本書の監修者・有馬さんと国内の爬虫類・両生類界の
第一人者といえる爬虫類倶楽部の代表・渡辺さんの対談です。
二人のお話にはビバリウム制作に役立つヒントが詰まっています。

■まずは生体と向き合う

―そもそも有馬さんはどのようなかたちでビバリウムスタートしたのですか？

有馬●僕は子どもの頃から生物が大好きで、これまで何種類の生き物を飼育してきたかわからないくらいです。その数々の飼育経験のなかで「ビバリウム制作」というおもしろさに気がつき、多くのビバリウム経験を経て今に至ったという感じです。それで、いろいろな飼育用具やビバリウムのレイアウト用アイテムを購入するために訪問したのが爬虫類倶楽部さんです。爬虫類倶楽部さんにはとてもお世話になっていて、本書に掲載しているアイテムのなかにも、爬虫類倶楽部さんで購入したものがあります。渡辺社長もかなりビバリウム制作がお上手ですが、どうすればスムーズにビバリウム制作をはじめられると思いますか？

渡辺●ビバリウムをはじめるには二つのパターンがあ

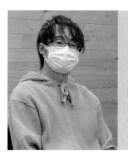

渡辺 英雄

幼少期からいろいろな生き物を飼育し爬虫類や熱帯魚ショップの店員、店長を経験して1996年に『爬虫類倶楽部』を開業。爬虫類の小売をはじめ、卸業務・輸入入・活餌の繁殖・量販店のプロデュースなど、爬虫類業界で幅広く活躍する。

ると思います。一つはインテリアのような感じで、まず「この部屋にこのようなビバリウムを置きたい」という思いがあって、そのビバリウムに似合う生体を飼育するパターン。もう一つは、飼育したい、あるいは飼育している生物がいて、そちらに合う美しい環境を作るというパターンです。

有馬●それでいうと僕は後者で、本書で掲載しているビバリウムも、まず生体がいて、それに合うビバリウムを制作するというかたちでした。

渡辺●先日、あるお客様から、ちょうどこの話題と関係する質問をいただきました。その方は中学校一年生の息子さんをお持ちのお父さんで、その息子さんが「レオパ（ヒョウモントカゲモドキ）を飼いたい」と言い出したそうです。それで質問は「これまで爬虫類を飼育したことがないから、どのように飼えばよいのか教えてほしい」という内容でした。それこそ、ビバリウムのように「砂などの床材を敷いて流木を置き、おしゃれに仕上げたほうがよいのか」と。

有馬●レオパは人気の爬虫類ですからね。それで、どのようにお答えしたのですか？

渡辺●そのご家庭では爬虫類をはじめて飼育するということで、いろいろと慣れていないことが多いでしょうから、「しばらくはシンプルなものがよい」とお伝えしました。

有馬●はじめての爬虫類飼育ならまずは生体としっか

り向き合って飼育することが大事ですものね。

渡辺 そうです。これはとくに「レオパだから」という背景もあります。野生のレオパが棲むパキスタンなどの中東の自然環境を考えると、大きめのケージを用意して、砂とソイルなどをきれいに混ぜた床材を20〜25cmぐらい敷き、そこに流木などを刺すのがよい。するとレオパはその刺した流木などをきっかけに寝るときに地面を掘って潜るでしょう。さらに理想は地表は乾燥していて、地中は適度に湿っているといった状況です。そのようなビバリウムを作れるなら本当にすばらしい。けれど、実際には大きいケージを用意して制作するのも、適切な温度や湿度を管理するのもなかなか難しいですよね。

有馬 レオパはプラスチックケースをケージとして使用して、その生体が健康に成長する必要最低限の施設で飼育している方も多いですものね。それも決して悪いことではない。

渡辺 それとレオパの場合は「愛玩動物としての歴史が古い」という背景も関係しています。その個体のお父さんお母さん、さらにはおじいさんおばあさんも人に飼育されていたものです。なので、「ビバリウムで生息している自然環境を再現」といっても他の種ほど結びつきが強くはありません。

有馬 確かにレオパは人工化が進み過ぎている種でもありますよね。

渡辺 それに夜行性なのでせっかくきれいなビバリウムを制作しても、活動しているところを観察しにくいということもあります。あとは食事について、コオロギなどの活きた昆虫をケージ内に放す場合、凝ったレイアウトだと、その昆虫との遭遇率も悪くなります。

有馬 僕も同じような感覚でビバリウムを制作しています。今回、本書に掲載しているビバリウムはすべて新たに制作したものですが、一部の例外はあるものの、基本的には飼育運用のことも考えて「やりすぎない」を意識しました。

渡辺 レオパは少し特別といえるかもしれませんが、まずはシンプルなもので飼育して、その生体の適切な飼育方法をつかんでからビバリウムに取りかかれば間違いはないでしょうね。ただ、もちろん、飼育環境のことを何も考えなくてもよいというわけではありません。たとえば私はとくにレオパのケージの床材にはペットシーツはおすすめしていません。霧吹きをしても、水分を吸収してしまい、ケージ内の湿度を保てないですからね。

■ビバリウムには植物の知識も必要

—ビバリウム制作でとくに注意したい点を教えていただけますか？

渡辺 「ケージ内を美しく仕上げる」の前に「命あるものと暮らす」ですから、まず考えたいのはその生体に合った環境を整えるということですよね。代表的なのが温度・湿度の管理で、フトアゴヒゲトカゲのようにバスキングスポットを設けなくてはいけない種もいます。

有馬 飼育する爬虫類や両生類が決まっているとしたらケージのサイズを考えなくてはいけないし、準備するアイテムも生体に応じます。生体のサイズが大きいと凝っても崩されてしまうことがあるので要注意です。

渡辺 それとビバリウムには植物が重要な存在で、光のことを考えなくてはいけません。まず、知っておきたい情報として、植物は日光ではなくて電灯の光でも健康に育ちます。ただ、いずれにせよ植物には光が必要です。

有馬 夜行性の種のビバリウムに植物をてんこ盛りにしても、昼間はそれほどライトを点灯しないので枯れてしまいがちですものね。

渡辺 それに植物には毒素の問題もあります。たとえばシクラメンの仲間は毒性があるので注意が必要です。それとクワズイモなどの一部のイモの仲間やベゴニアの仲間にも毒性があります。

有馬 当然、植物の知識も必要ということですね。

渡辺 全体としては、毒性のある植物のほうが少ないので、そこまで気を病む必要はありませんが……。生体同様に、やはり植物のこともしっかりと調べて知識を得るということが大切です。

有馬 今は美しい人工植物もたくさんあるので、そちらを選ぶという選択肢もあります。

渡辺 そうですね。ただ、人工植物も注意が必要で、素材がやわらかいものだと生体が噛み切ってしまうことがあります。そのため状況によっては素材が硬いものを使わなくてはいけないこともあります。

爬虫類・両生類好きの会話は弾む

有馬◉たとえばどういった種類が誤食しそうですか？

渡辺◉イグアナの仲間や、それにフトアゴヒゲトカゲもそうですね。誤食を防ぐためにヨーロッパなどの海外では人工植物は硬い素材のものを選ぶ傾向があります。

■日本のビバリウムは繊細である

—ビバリウムは海外でも盛んなのですか？

渡辺◉とくにヨーロッパとアメリカは盛んです。それで、海外のビバリウムを見ると大きくて楽しい。個人でも幅が75cmぐらいで奥行きも深いケージを使用している方が多いのですよね。

有馬◉僕は海外の個人の方のビバリウムで、1階と2階が吹き抜けになっていて、そこに大きな植物をレイアウトした作品を見たことがあります。とても大きなスケールで驚きました。ただ、日本の住宅環境を考えると難しいですよね。扉や廊下の幅の問題で、そもそも大きなケージを搬入できないことがあります。

渡辺◉それはしょうがない。ただ、じつはビバリウムは大きく作るほうが簡単で、小さく作るほうが難しいのですよね。

有馬◉確かに。空間が限られていると取捨選択をしなくてはいけないですものね。

渡辺◉植物も小さいものを用意しなくてはいけません。でも日本人は繊細だから、それができるのです。たとえば盆栽が好例で、写真で見るとスケールが大きい樹木だけれど、実際はコンパクトです。そう考えると日本のビバリウムには日本人が作ったものならではのよさがあるのかなと思います。

■使い勝手がよい炭化コルクボード

—海外との比較の話がありましたが、比較という意味では以前との違いはどうでしょうか？

渡辺◉まず、飼育用品を含めてアイテムがかなり充実

しました。以前はアイテムの話以前に、そもそも爬虫類や両生類の食事用のコオロギを入手することすら大変でしたもの。

有馬◉新しいアイテムでいうとアカメアマガエルのビバリウム（52ページ）に使用した炭化コルクボードの存在を知ったときには驚きました。僕はその存在を爬虫類倶楽部の中野店の店頭で知ったのですが、扱いやすくて画期的なアイテムでした。

渡辺◉ありがとうございます（笑）。炭化コルクボードは海外で使っているのを見たことをきっかけに販売するようになりました。炭化コルクボードは植物が活着しますし、消臭効果も期待されています。

有馬◉消臭効果も!?　とにかく硬さがちょうどよくて、かたちを自由にかえられる。重ねると立体感も出ます。ぜひ活用したいアイテムの一つですよね。

■外側にパネルを設置してもよい

—渡辺さんがこれまでに制作したなかで、とくに印象深いのはどのようなビバリウムでしょうか。

渡辺◉大型の食器棚をケージとして利用したことがあって、それが印象深いですね。まず棚を全部取り、ケージの内側に岩を組んで、内側を防水加工して……。先ほどの海外のビバリウムの話ではないですが、苦労はしたものの大きいサイズのビバリウムの制作は楽しいものです。

有馬◉爬虫類倶楽部の中野店にあるスタイロフォームのビバリウム（105ページ）もスタイリッシュですよね。

渡辺◉そうでしょ（笑）。ちょっと逆説的になりますが、乾燥した地域のビバリウムについては、あのようにやるしか方法がないのですよね。

有馬◉正直な話、僕もフトアゴヒゲトカゲのビバリウム（90ページ）は、当初はやることがなくて困りま

『爬虫類倶楽部』の中野店で展示されている炭化コルクボードを使用したビバリウム。生体はソバージュネコメガエル

した（笑）。結果、制作したのは床材を敷いて、おしゃれな流木を組み合わせるという、とてもシンプルなものです。ただ、制作をしていくなかで、そこにも工夫の余地はあるということに気がつきましたし、あのスタイロフォームのビバリウムはとても参考になりました。

渡辺●作るのは大変です。夜中にスタイロフォームで段などを成形して、翌日まで完全に乾燥するのを待つ……。同様の作業が背面だけではなく、両側面にも必要ですから時間がかかりました。

有馬●本書で紹介したビバリウムのなかには接着剤としてシリコンシーラントを使用したものもありますが、乾燥するまでに時間がかかるので「続きは翌日」となります。すると用意したものを一度、片付けるという手間も増えます。バックパネル作りも楽しいものですが、上級者向けで、少しハードルは高くなりますよね。

渡辺●あとは外側につけるという選択肢もあります。ケージの外側にスタイロフォームを設置して、そこに植物を植えるというのもよいですし、市販のパネルを外側に設置するだけでも印象はかわります。

有馬●なるほど、その発想はおもしろいですね〜。

■アイテム選びも重要

―入門者に向けてビバリウムを美しく仕上げるコツを教えていただけますか？

渡辺●意識したいことの一つは、必要以上に「多くの色」を使わないことです。目安は３色までかな。植物にしても色味の違うものを雑多にレイアウトすると美しくはならない傾向があります。

有馬●ケージ内の調和が取れないということですね。

渡辺●たとえば植物は１種類だけを使用して、変化をつけたいのなら大きさをかえるといった具合です。

有馬●植物の話でいうと、僕もよく悩みます。具体的にはポトスなのですが、ポトスは主張が強く、入れるともうポトスしか入れられなくなる。たとえば今回もアカメアマガエルのビバリウム（52ページ）でポトスを使用したのですが、当初は他にも植物を入れようと思っていたものの、入れると調和が取れなくく……。結局、植物はポトスだけにしました。

渡辺●ポトスについては葉の色が明るい緑色で斑（ふ）が入らない「ポトスライム」がよいですよ。私の経験では葉がポトスの他の園芸品種よりも小さいですし、存在を主張しすぎることがありません。

有馬●それは知りませんでした。ポトスは葉が大きくてレイアウトが葉で隠れてしまうことがあり、葉をカットして減らしたり、設置する場所を限定したりと、ちょっと苦労していたのですよね。

『爬虫類倶楽部』の中野店で展示されているバックパネルを工夫したビバリウム。生体はカミンギーモニター

渡辺●しかも「ポトスライム」はフラワーショップで購入してきたばかりのものではなく、苗から育てて２〜３カ月ぐらい経過したものがよいです。ポトスは茎をカットして株わけすることが可能で、それを水耕栽培すると葉が小さい株ができます。

有馬●ビバリウムのために植物を育て、使いやすい葉の大きさに調整するとは凄いですね。

渡辺●植物については、私はベンジャミンが好きで、植物をレイアウトするときにはよくベンジャミンを選びます。ベンジャミンもポトス同様に性質は強健で、株わけが可能です。

有馬●やはり「どうレイアウトするか」と同じぐらい、そもそものアイテムの用意が重要ですね。

渡辺●もしかしたら、そちらのほうが重要かも。植物をレイアウトするなら、「いかに自分のイメージに合う植物を入手するか」が勝負どころ。フラワーショップも品揃えが豊富なところを探す必要がありますよね。あとはレイアウトの段階では、一定の空間を残して、あまりアイテムを詰め込み過ぎないこともポイントの一つです。

■好きなように楽しんで！

―最後にメッセージをお願いできますか？

渡辺●ビバリウムを制作しようと思ったら、まずその生物、使う植物など、いろいろなことを調べて、必要な情報を入手してほしいと思います。

有馬●それは本当に大切ですよね。その生体がどういうところに棲んでいて、なにを食べていて、どれぐらいのサイズになるのかなどを考慮したうえで制作する。それに尽きます。

渡辺●それと言葉を選ばなければビバリウムは自己満足の世界です。生体にとってネガティブな要素がないように気をつけるのは大前提として、好きなものを飼って、好きなように楽しんでもらいたいと思います。

【監修者】RAFちゃんねる 有馬

1990年8月13日生まれ。都内のIT企業で働きながら爬虫類を中心とした生き物系YouTuberとして活動。レオパ（ヒョウモントカゲモドキ）、ニシアフリカトカゲモドキ、フトアゴヒゲトカゲなどの王道種からマニアが唸るニッチな品種まで総勢200匹以上を飼育中。ヤドクガエルなどビバリウム制作が必要な品種も多く飼育し、そのビバリウム制作工程や生き物たちの飼育プロセスがYouTubeチャンネルで視聴できる。

YouTube
『RAF ちゃんねる』
Reptiles（爬虫類）、Amphibian（両生類）、
Fish（魚類）の魅力をラフに発信中。
https://www.youtube.com/@raf_ch

Twitter
https://twitter.com/aririn_leopa

Instagram
@raf.channel0813

■制作プロデュース：有限会社イー・プランニング
■編集・制作：小林 英史(編集工房水夢)
■撮影：RAFちゃんねる 有馬、長尾 亜紀
■DTP/本文デザイン：松原 卓(ドットテトラ)

爬虫類と両生類の暮らしを再現
ビバリウム 生息環境・品種別のつくり方と魅せるポイント

2023年5月30日　第1版・第1刷発行
2023年7月 5 日　第1版・第2刷発行

監　　修　　RAFちゃんねる 有馬（らふちゃんねる ありま）
発 行 者　　株式会社メイツユニバーサルコンテンツ
　　　　　　代表者 大羽 孝志
　　　　　　〒102-0093東京都千代田区平河町一丁目1-8
印　　刷　　シナノ印刷株式会社

ご意見・ご感想はホームページから承っております。
ウェブサイト　https://www.mates-publishing.co.jp/

企画担当：千代 寧